親子學習 8

# 教養
# 黃金 *2000* 天

陳朝幸 著

博客思出版社

# 人生正確觀念建構——關鍵的兩千天

人從出生就是一個空白，一定要透過學習才能夠具備知識，而學習過程與內容需建構在正向的知識。一個人的心態想法、思維、善念與惡念、黑與白、積極與消極、踏實與巧取，助人與害人，誠實與虛偽等等價值觀，是在生活中的實踐逐一養成，這一些都取決於學習過程中身邊是否有人可提供學習的資訊。

育兒的執行力，靠的是建構過程中，一點一滴重複又重複累積變成習慣，習慣又累積累積成了習性，這種習性養成後，孩子以後人生就遵照這樣的模式，在他日常的生活中，很自然的一直執行下去，因為他的邏輯已生成，他做事的模式也已確定，自然變成一種思考和做事的慣性了，如果這個做事的慣性是對的，對的邏輯已養成，順遂的人生機率也相對提高了，這也是為什麼五歲前須教育訓練的重要性。

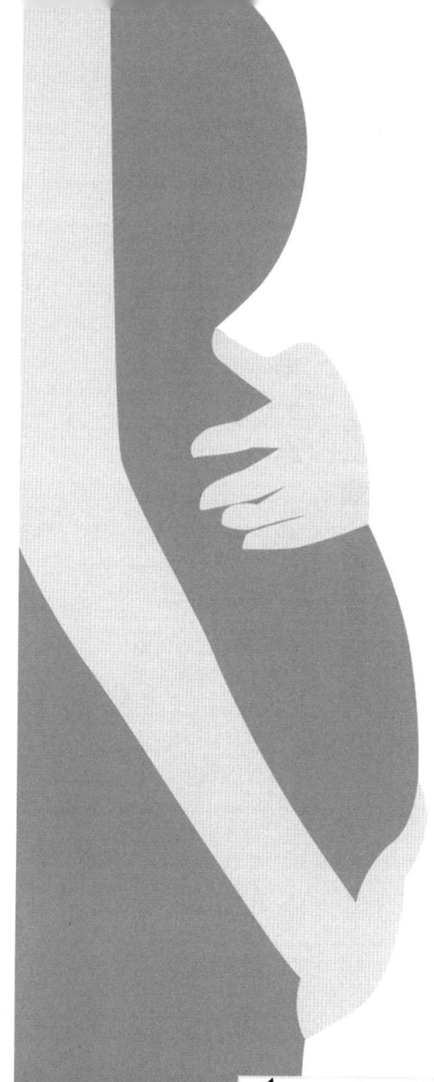

這本書是作者經過多年研究，建置六桶水的教育方式，從訓練大腦、我長大了、服務、強壯、勇敢、危險安全集結為人一生能夠創造生命價值必須具備觀念思想。用種種這樣的教法在出生後的黃金2000天中，深植在小孩意識裡行為上，內化為人格思想，終此一生我們都不需再操勞了。

——陳朝幸序

1 懷孕到生產

2 六桶水教養法

3 大腦訓練法

4 我長大了

5 五歲定終身

# 目次

目次

# 第一篇　我有話說

只要在孩子五歲前實施一套以「家」為中心的觀念教法，加上政府的學課程政策，並在「做」當中培養能力，就能達成目標。

# 第一章觀念和政策

要教出好小孩，須先教出好爸媽，我呼籲政府開父母學的課程，教父母親對家的責任感與育兒的專業能力，這樣才能教出有品質的好國民。

# 1 建立以家為中心的觀念

生命到底有甚麼意義？人活著的目的是什麼？人的一生幾十年寒暑，悠悠忽忽吃喝玩樂、忙忙碌碌。我已過了耳順之年，有世俗讚嘆的美滿幸福家庭；有身心健全、獨立貼心的子女；和可以跟朋友們練肖話的「當年勇」；現在正是該可以好好享受安逸晚年生活的快樂時光了，但我總是想著人來世界上這一遭，不該浪費寶貴的生命，即使不為了養家活口或榮華富貴，也該為別人做點什麼事才好。

我常看見周遭的親友，或電視上的社會新聞事件，不斷地出現因為家庭紛擾而造成的悲劇，心裡常感嘆他們若是觀念可以轉一轉，悲劇就不會發生了。有了這種想法後，於是開始在自己的親友間，發現他們有苦惱的問題時，自動做「公親」，就用我平日建立起的觀念，來幫他們分析問題，找出問題原因後，再引導他們解決問題，這樣的事例，在我的引導下，最後都能化干戈為玉帛，事情圓滿落幕，重拾家庭溫暖和樂．這時看到別人可以不再紛擾、不再受苦，心裡也有小小的開心的成就感。

我這樣做了好幾年，對於提供的觀念和方法，只能解決了少數周邊親友的問題，當看到電視新聞又有暴力等不好的事情發生時，心裡就想著，還有無數家庭因為沒有好的知識觀念正在受苦，心裡就很難受，然而許多問題都來自從小的根本教育，小時候沒有建立正確的觀念，才造成失敗的人生．想到這裡，我給我自已提出挑戰，我想將自己建構幸福家庭的模式，透過書籍的推廣，傳達給每一個需要的人。希望我的人生除了為自己，也能為社會做一點點事，更希望能為台灣的基礎教育，找到一條更好的未來。

在教養的路途中，不都是只有美好甜蜜的風景，我們偶爾也會感到垂頭喪氣，體力不支，甚至想放棄。因此我們希望各位父母，可以在這裡找出好的教養方法，分享學習產生共鳴，讓我們教養文化更豐富，也讓身為父母的我們彼此打氣，累積更完善的教養能量。

翻閱坊間育兒教養的書籍，多數順隨小孩的個性，遇到問題，頭痛醫頭，腳痛醫腳，都只是對症下藥，並未從根源探討真實問題發生的原因。

常見的兒童行為脫序問題，例如：不聽話、不順從、縱容、溺愛、還小、不懂事、長大再說、以後自然就會、上學以後有老師會教、沒空、很忙、很累、很煩、愛哭、愛鬧、常生病、不吃飯（貪吃零食）、常受傷、愛打架、亂花錢、玩具不收、沒規矩、不禮貌、不尊重、不合群、不安靜、別人東西亂動、隨意取走，侵犯他人權益、愛說謊、會偷東西、頑皮、耍賴、自私、全世界最偉大的就是自己。

以上是小孩常見的各種問題行為，如果小孩從出生起就能夠規劃有系統的教養方法，防範未然，其實就不會出現上述的各種行為；但若等到孩子已養成習性，再想來糾正上列行為，每一項都得花上數倍的精力，還不一定見效呢？如何教養孩子成為可用之材，是很多父母的盲點，要如何教？何時教？教什麼？怎麼教？年長的人經常在說，教孩子要趁小教才有用，等到大了就教不來，台語有句厘語：「竹阿要叨要趁早，大汗就叨未來」意思是一樣的。要在孩子小的時候，一切習性還是空白時，及時採取必要的方法和訓練，否則，錯失機會，就很難再挽回。

我從民國七十一年參加青商會的學習與訓練開始，長期以來對人性的思考與行為模式做深入的研究，我有四個女兒及兩個孫子，他們初生開始，從觀念的培養、行為的規範、到習慣的養成，都是我親自訓練的。尤其4個女兒從呱呱墜地來到這個世界開始，隨後進入幼稚園、國小、國中、高中、大學、進入社會，到今天各自成家另組家庭，一路走來，我最驕傲的是她們健全的人格、負責的人生態度、健康的身體，其實這些都只要在五歲前實施一套以「家」為中心的觀念培植，進而在「做」當中培養能力就可以達成。

不要輕忽小孩的理解能力，小孩雖然小，但是只要您用心好好跟他說，其實他什麼都懂，只是你的方法，能不能用他能理解的方式，來幫助他了解事情的真相而已，他有蠢蠢欲動的求知慾，而旺盛的體力也讓小孩好動不停，這種求知慾與好動需要有人能在第一時間，來幫他建構正確的方向。

我從現行家庭教育法的立法與執行深入研究後，得到的結論是空洞，既沒有政策也沒有實際訓練方法。好的老師就是要有好的方法，才能夠引導學生學習，並獲得好成果．而每一個想學習的學生，需要一個老師來教導，孩子的父母其實是第一個老師，老師好不好？懂不懂教育孩子？能不能在適當的時候對孩子提出適當的方法？父母的教養智慧是第一個決定了孩子的品格與能力的人，懂得教養孩子方法的父母有多少，就能教出多少有品格及能力的孩子，我們希望夠透過制度的設計及運用，把直接影響嬰幼兒的父母，培養成有基本教養孩子能力的老師。

孩子的成長是不能等待，一個孩子從出生到五歲，也只是一轉眼的功夫。為了要把握從0歲到五歲的黃金學習年齡，必須要有一套由政府和民間共同來推動的制度。

本書和一般不同，這不是一本只講理論的書，書中以六大項目為訓練的標的，是屬於終身學習的科目，從0歲準備，一歲開始施行六個水桶的內容，一歲就讓他選擇自已是好人，方向確定後，就朝此正向循序發展。透過父母不斷地以故事、事件重複宣說、操練，把正確的觀念植入小孩的大腦

中，最後內化成他自己的思想與行為模式，建立強而有力的認知與想法。

當標準流程建構完成後，小孩就能自我管理，為人父母就無需再費心為小孩的教養問題而頭痛。透過親子的互動，家人通力合作，以全家人為團隊為共同家打拼，讓家愈來愈好，生活在裡面的人也越來越幸福。

本書提供各種方法，父母把家和孩子全部綁在一起，共同成長，共同經營家，最終目的是每個家都是成功幸福。

# 2 水桶理論教育法

要養孩子容易，難的是他的人格、價值觀、思想邏輯的建立。父母是孩子的第一個老師，在他的面前，所有的言行舉止、接觸到的都是孩子的教育。

我已過耳順之年，親手調教自己四個女兒和兩個孫子，四個小孩從五歲過後不用操心，六個小孩子共同的人格特質是：樂觀、開朗、健康、獨立、語言好、人緣好、責任、善良、友愛、尊重、自信、愛家。

我沒有明星大學的學歷，也不是百大企業名人，十三歲時被父親要求立志，從此改變了我的人生，我有旺盛的企圖心，那時就訂下了自己的人生目標，從此不會浪費時間，空過每一天，即便在婚後家庭事業忙碌、甚至退休後，都沒有中斷自我成長與學習。

這些學習讓自己思想成熟，尤其在家庭經營與家人照顧上很早就有了規

劃。婚後迎接自己第一個孩子時，身心已完全準備好，從嬰兒滿月後，只要下班回到家，就接手照顧孩子，泡奶、餵奶、洗澡換尿片、洗大便、哄睡著、逗笑、運動。

雖然在忙碌一整天後很想多休息，但是我並不像一般男人，將照養小孩的工作全丟給女人，而是在第一個孩子出生之後，就展開一連串的訓練計劃，要好好教育孩子的使命感，讓我捨棄自己的安逸，陪四個小孩一起度過生命最重要的黃金時期。

我的訓練並不著重在成績與明星學校的追求，社會上所有的謀生技能，都能在成熟的人格下，幾年的時間中被訓練養成的，難的是他的人格、價值觀、思想邏輯的建立。小孩一生下來，張開眼睛會看、會聽，他已經在模仿了，也就是他已經在學習。所以父母在他的面前，所有的言行舉止、讓他接觸到的都是教育。這個小孩在五歲前，這兩千天的點滴都會對他產生根深蒂固的影響。所以中國古諺語裡面有所謂：「三歲看八十，七歲看終身」，是有道理，不是隨便說的。這紮根教育屬於家庭教育，在古時候是非常重視的。

我從訓練小孩、孫子甚至大人，也調解過很多有可能破裂的婚姻的經驗，這個過程，得到一個很明確的結論，這就是「水桶理論教育法」。「水桶理論」它的教育法使人一生方向明確，行事正當，積極樂觀看待生命。我希望將這個造福個人、社會的教育心得，大量的複製推廣給每一個需要的人，讓在面對束手無策的育兒困擾的父母有些許幫助，也算對自己生命添上意義。

什麼是水桶理論？我們準備了六大產品，由於沒有推銷員，所以雖然有市場，但要如何找推銷員，並且教他如何行銷呢？

我們的六大產品是：一、大腦。二、危險安全的觀念。三、強壯的身體。四、服務的價值觀。五、我長大了。六、我是勇敢的。

以上共有六大教育主軸，所有訓練都是以人與人互動為前題，最終的目標是訓練出一個快樂的人——一個具有智慧的頭腦和銅鐵般的體魄；因為這是人生競爭或生存的兩大本錢，而人生所有事務一開始，就已經很明確的

鎖定在這樣的前題裡，在有智慧頭腦的指揮下，他的所有下屬都是最好的幹部，眼睛的觀察，嘴巴的表達，耳朵的聽聞及手和腳的強勁靈敏，讓大腦與指揮的肢體完善發揮極致的功能，從此創造幸福快樂的人生。

準備了沒有？六大產品等著您，一定要從0歲開始，到5歲第一階段確切落實，就是辛苦也要咬緊牙根，渡過這段最堅苦的時間，之後就是倒吃甘蔗愈來愈輕鬆甘甜了。隨著六大產品的學習使用，愈用愈靈活，愈用愈上手，到孩子上幼稚園時，親子互動已有十足的默契，彼此的溝通也絕對順暢，孩子自我的管理能力也足夠成熟，在小小的幼稚園團體中，您就能發現孩子與眾不同的領導特質。

人際、品德、學習態度、語言能力、邏輯、思考能力，危機意識、責任感，追求強壯、勇氣、自信心、好人思維、積極、熱忱。這些基礎都在3歲時建立，萬丈高樓平地起，良好的基礎是一輩子使用的工具，人生的道路走起來必然較為輕鬆。

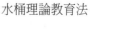

# 3 小孩自己選擇當個好人

理想藍圖呼籲政府訂定有效政策。2016.03.28上午台北內湖發生殺四歲女童命案，殺人犯是無業的三十三歲男性凶嫌，他以兒童為作案對象，隨意行凶；女童的媽媽就在自己眼前，看著自己的女兒被凶手砍殺身首異處，這則新聞震驚全社會。女童的母親是留美碩士，受過高等教育，他在事發之後很痛心的呼籲，政府社會能從教育訓練來消除這樣的危險人物。

我觀察這幾年隨機殺人的兇手，多是三十幾歲左右的男性，男性的本能是較具攻擊性，在成長過程中如果沒有理性的約束，那麼就變成一匹脫韁野馬，無法控制，我們的教育一般是出生後，從認知的教育中讓小孩自己選擇當個好人，有了定位，讓日後的行為一直證明自己的責任和使命感。

現行的國家教育制度，從媬母開始到社會大學，台灣的教育單位提供各

個階層，因應不同的需求的學習、進修、考試認證的場所與制度。但是為什麼在這麼完善的教育體制下，我們教育出來的孩子還有各式各樣的偏差？例如不堪一擊的草莓族；成群結黨的不良少年；隨機殺人的、吸毒詐騙、甚至為了錢殺害親生父母小孩，這樣的社會教人憂心忡忡，我從自身小孩的教養上發現根源所在，所以今天出於使命感，著手寫這本書，呼籲政府用公權力立法來重視根本教育。國家的根本是人民，提升全民的素質，國家的競爭力才有向上提升的基礎，當然本書能想到的或許不夠周延，尚需靠各界專家多方提供意見，最後能在家庭教育法上落實在每一個家、每一個新生兒的教育上，十年樹木，百年樹人，我們不怕晚，我們怕沒有做！

目前台灣於一百零三年已有家庭教育法，係指具有增進家人關係與家庭功能之各種教育活動，其範圍舉凡有親職教育、子職教育、性別教育、婚姻教育……代表全民重視在正統的教育外，還是有需要以家教法來補充不足。但實際上並未落實在每一個該受教育者身上，徒有虛法終不究竟。家庭教育法的設置，代表政府與立法機關的重視，但是至今卻不見此法的執行。從中央的教育部門並沒有策略，沒有執行方案，沒有主體，所以到底要如何執行家庭教育法，無所適從。

現在我們以為以家為教育的軸心，一方面強化家庭的經營，政府推動把「家」的地位提昇，強調硬體及軟體的重要性多方面著手，教育婚前男女雙方要有認知，首先須體認的是：**「家」的組織是代表什麼？**家不只是男歡女愛而已，是從此之後彼此是一個家。兩個人結婚背後就是二個家族，有錯綜複雜的人情世故，相對家的經營也有很多困難，經營一個家與治理一個國一樣需要智慧。家家有本難念的經，然而若不能克服這些困難，最終難免走向分離。

時下離婚率一直居高不下，根究最主要的成因即是男女雙方對家的認知不夠。古人說齊家、治國、平天下，家要齊如果沒有男女雙方共同正心修身，就無法經營一個幸福的家。而我要推動的家庭教育法，就是要教育準備結婚的男孩或女孩，如何經營並教育自己的家庭。

今天，我克服了長久以來，想做而沒有做的事，那就是想傳達五十年

來，研究幼兒教育的重要性出成書，希望國家的領導人能夠意識到家庭教育的重要性，使之成為輿論、成為話題，進而政策化，讓大家重視。從對孩子的愛，用方法將它變成行動力，間接強化家的經營能力，優質的家庭多了，社會就能更安定。政府部門協助補助教育孩子，在少子化的今日將孩子培養成為國家社會優秀正向的人才。

具體構想方面：現行台灣托嬰托兒幼教方面，整個硬體教法、與教保人員的素質上都有施行評鑑與證照認證，整體的教育水平都有逐年提升的現象，但細究根源：這些教保人員大部份時間用在照顧身體餵養的需要，並沒有深刻體認這個階段嬰兒大腦開發與認知的重要，加上每一位教保人員須負責管照的幼童數量甚多，要有效教育一群幼兒，確實有相當的困難，育的方面可說尚未被完全推廣。

要教出好小孩，必須先教會夫妻變成好爸媽，所以我想呼籲政府，推動花錢培養訓練師，訓練師的職責為直接照顧嬰兒的母親（父親）或媬母，間接作用是教育夫妻對家的責任感與使命感，尤其是希望夫妻共同參與，如此

一來才能增強夫妻共同經營婚姻和家庭的能力。

時下婚姻失敗的案例太多，家庭不安定，孩子的成長環境自然就不安定與也不安全，因而衍生的社會問題層出不窮，惡性循環、社會相對不安定。夫妻若能共同重視幼兒教育，並開始接受輔導變成好爸媽、好老師才能教出好孩子；那要父母擁有專業育兒訓練能力，政府須提供凡來參與訓練的家庭生活津貼輔助，讓所有孕育教養國家未來主人翁的家庭沒有後顧之憂，每位孕婦有一次這樣受訓與輔助的機會，如此一來所有教育基礎必能穩固，能教出好父母，也能教出好國民。

每一個生命來到世界上，就像一張白紙，從什麼都空白開始人生，在生活中所遇到的點點滴滴，終究養成了他的思考邏輯，也養成他日後做人做事的方法；只有他有懂得對的思考邏輯，才能做對的事，做對的事才能有幸福的人生。所以他必須學會的生活技能，培養很多生活習慣和為人處世的態度，而學習的內容和方向如果能有人幫他從小就規劃、設計好，那學習的成效必然會不同。

孩子一生中第一個老師，必須是一個用心、有耐心、愛心的的人，我們要推動這個人是這孩子一生的貴人，而這個貴人的養成需有公部門介入，有組織，有系統的培訓，把社會資源不斷注入，有各種科目的研習，能夠在對幼兒的互動中有效的傳遞教育的內涵，這個優質的老師，可重複使用，指導和傳承。從一個家出發，建構一個永續和諧安定的社會。

# 第二章幸福教育方程式

## ——家庭計劃法策略

家是「公」，每個人是私，大家都是共同為家努力，把家建造成為幸福園地。

要建立一個幸福美滿的家庭，教育方面一定有要方法，我把整個家庭幸福的教育方程式訂名為「家庭計劃法」，家庭計劃法的內容是：具有增進家人關係與家庭功能的各種教育活動，它的範圍包括了：親職教育、子職教育、性別教育、婚姻教育、失親教育、倫理教育、多元文化教育、家庭資源與管理教育等等，和其他家庭教育事項。

# 1 政府推動父母當老師，培養有品質的好國民！

男女交往開始，慢慢邁向結婚的道路，當雙方願意結婚共組家庭時，雙方對愛情的延續，就是人生一起共組一個永浴愛河的家庭。結婚不是幸福的終點，結婚只是幸福的開端，男女建立家庭後，必須學習如何共同經營這個家，並且形成雙方的共識，永結同心後，對未來有一個共同目標，人生願意一起朝目標邁進，是幸福家庭的基本條件。

這個幸福園地該如何建立呢？溝通是首要問題，定時的開家庭會議是家的溝通中心，家庭會議是家的最高權力機構，以民主體制的運作，建立家庭裡的溝通制度，並以如何創造家庭的最大利益為考量，這是夫妻溝通平台，也是家人的共同目標訂定中心，對家庭的大小事，計劃和想法主導者透過這個溝通平台，得到全家人的共識，一起同心協力推動各種方案，促進家庭朝更有利益的方向發展。

當這個家開始準備孕育下一代，女人要當媽媽開始，就要先學習如何教育孩子．這個訓練父母成為好爸媽的責任，除了自我的學習之外，建議由政府在媽媽懷孕後，安排父母接受訓練，在孩子出生後，聘用父母其中一人，當孩子的專任老師，孩子出生的前半年給薪半薪，半年後給全薪，為期三年，由中央教育部擬定課程大綱，由地方政府推動實施，初期可按預算經費多少訂定名額。

這個辦法以「家」為教育主軸，父母共同來參與，家是「公」，每個人是私，夫妻共同為家努力，再加上政府的政策，一起把家建造成為幸福園地。

若政府能推動的父或母成為家裡孩子的專任老師後，至少三年，並且提供教養孩子課程大綱，這樣對於台灣現在的低生育率，應該很鼓舞的效果，因為父或母被聘僱為孩子老師三年，每月有薪資收入，不但可以增加家庭收入，父母也可以專心教養孩子，除了提高生育率，政府提供好的教材教法，也能為國家培養未來的菁英人才，增加國家在國際間的競爭力。

家庭幸福是安定社會的最好辦法，培養出有品質的國民，是提升競爭力的基礎，做好這種長治久安的育兒辦法，是現在政府最該推動的政策，也是百年樹年最前瞻的計劃。

## 2 教養高手六桶水理論——我是好人！

由母親推銷「好人的概念」，讓孩子去認同：我是好人！

本書和市面上一般的育兒書截然不同，我們有明確的正向觀念，和確實可行的訓練方法，只要依照教養流程確實執行，用耐心、愛心給剛出生的孩子2000天，我們得到的是孩子與自己一輩子輕鬆幸福的人生。

首先要建立的觀念是，讓一歲的孩子就選擇自己是好人，從「我是好人」這個方向延伸發展，每種教養內容運用七次重複法，將「六桶水」的觀念深植在孩子腦海裡、在他的潛意識裡，這些好的觀念漸漸地變成他的意識模式，變成他的做人做事的思考邏輯，這樣建立好他對的思想模式，那他對人的方式和做事的模式就不會偏差，人生的道路也會走在一個正向的道路上，那樣他做錯事的機率就變小，相對成功的機率就變大了，而所有教導的過程有一套流程，我們只要隨時隨地將生活事件融入這個流程裡，育兒再也不是難事！

五歲前的孩子是一個空水桶，只要有人倒水，他就裝水；而且人家倒什麼水，他就照單收下那些水，因為空白來到這個世界上的孩子，什麼是對？什麼是錯？他沒有分辨能力，最先接觸到的，他就以為世界是那樣，而如果環境裡沒人主動倒水，出於身體和智力的需求，他也會自已找水，至於孩子找的水是好水或是壞水，就不得而知了。

嬰兒的大腦像海綿，妳給什麼他都吸收，如果妳只給食物，他就只有身體長大，加一點運動，則四肢強健；再加一點故事，則思想發芽，這時期最大的關鍵在父母推銷給他什麼內容，父母有沒有協助認知、了解、並提供選擇？如果父母有一定的教育專業，經過選擇再確定教養方向，有了教養的基準，即所謂的課程流程，育兒有了基本方向，教養起孩子來就不吃力，效果也能逐漸提升。如果五歲前能建構好孩子做人做事的觀念和態度，那他以後的一輩子「庶幾無大過」了。

一個人的心態想法、思維、善念與惡念、黑與白、積極與消極、踏實與巧取，助人與害人，誠實與虛偽等等價值觀，是生活中的實踐逐一養成，因為育兒的執行力，靠的是建構過程中，一點一滴重複又重複累積變成習慣，習慣又累積累積成了習性，這種習性養成後，孩子以後人生就遵照這樣的模式，在他日常的生活中，很自然的一直執行下去，因為他的邏輯已生成，他做事的模式也已確定，自然變成一種思考和做事的慣性了，如果這個做事的慣性是對的，對的邏輯已養成，順遂的人生機率也相對提高了，這也是為什麼五歲前須教育訓練的重要性。

例如：健康；我們都知道沒有它，人生就是黑白的，沒有它，一切都是空的。因此，生活中吃的習慣，運動的習慣，能夠都符合營養和健康的標準，就可以享受健康帶來的快樂，相反的，若每天胡亂大吃大喝，懶惰不運動，那遲早會把身體弄壞，天下沒有白吃的午餐，要擁有健康只有靠自已吃懂得吃的營養和運動來維持。

又例如：我是好人；母親用誇張的表情，表現出好人與壞人的面相，哪些行為會出現壞人的臉；哪些行為會出現好人的臉，由母親推銷

「好人的概念」，讓嬰幼兒去認同；行為是打人，母親臉上就呈現惡毒的樣子，寫著我是壞人，讓嬰幼兒去認識，這樣植入是非觀念給小孩，讓他從小就在「我願意當好人」的思想裡長大。

用種種這樣的教法置入大腦，我長大了、服務、強壯、勇敢、危險安全等六桶水，在出生後的黃金2000天中，深植在小孩意識裡行為上，內化為人格思想，終此一生我們都不需再操勞了。

# 第二篇　六桶水教養法與終身學習

六桶水的教養是將大腦訓練，認知長大、服務價值觀、強壯的身體、勇敢勇氣、危險安全等透過七次重複法從小建置在孩子認知中，並終身學習，內化為人格思想。終此一生我們都不需再操勞了。

以下詳細介紹從愛家開始，到六桶水的訓練，給讀者從根本上認識家庭教育的重要並改變觀念身體力行。

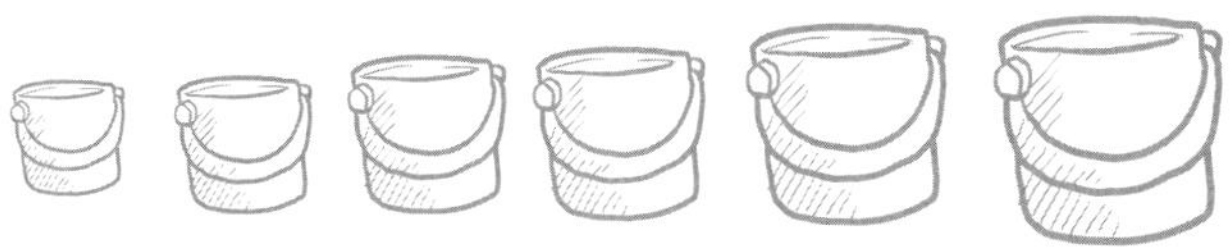

# 第一章　愛家——不是為你，不是為我，都是為了家

家庭教育第一課，從想法先建構共識開始，我們有這樣的共識：不是為你，不是為我，都是為了它——我們的家。唯有一家人都有這樣的共同信仰下，才可能有持續美滿婚姻，建構美滿家庭。夫妻是家的主要成員。要把家的地位擺放在兩人的上面，而且兩個人都願意效忠於「它」（家），一生無悔。

## 1 想要有個家，認識與了解是前提

台灣出生率全球最低，當然除了經濟因素之外，社會的亂象、離婚率高攀，都是大家不敢成家的因素。台灣的離婚率為什麼這麼高呢？因為許多年輕人都是身心未準備好就貿然結婚，既不知道自己要什麼？也不了解對方，輕率任性的就結婚，一言不合又草草離婚，留下單親、隔代教養、中輟生青少年等等的社會問題，細細探究到底問題在哪裡？

若要追溯問題的根源，其實從一個人的人格與能力養成就要開始探究了。現在我們的社會，有很多人因為從小沒有好的教養和好的觀念，情慾橫流、注重享受、自我意識太高漲，凡事覺得我最優秀，凡事我最重要，別人都要以我為中心，對自己要負擔的責任最少，對別人的要求卻很多，熱戀時一時衝動就結婚，結婚後還在做著王子公主夢，當現實環境中對方一時不順

自己的心意時，一衝動就離婚了，曾有一對皆當老師的夫妻，結婚多年竟然因為彼此擠牙膏方式不同就離婚了。在婚姻生活中，這種認為自己最重要、只看得見自己的需求，看不到對方，也看不到什麼叫幸福的人，因沒智慧處理夫妻問題，為了小事就離婚，家庭和家庭的成員怎會有幸福呢？

我年輕的時候，父母告訴我：「凡事要做好，就要有一個『好對手』」（一對），因為二人同心，其利斷金，當兩個人成為一組時，才方便做事，光一個人要把事做好，是不容易的，所以要立業前要先成家，「成家立業」古有明訓。

父親曾經跟我講過一個故事，在台灣早期思想還很傳統的年代，有一位女高校的校長，邀請一位作家到學校演講，這位作家在講台上一開口，就對著台下的女學生說：「如果有機會應該多交男朋友，因為婚姻只有一次，只許成功不許失敗，要在只有一次的機會上成功，就須有較理性聰明的作法，廣交男女朋友是給彼此較多機會選擇，從中挑取一位最適合的人選，這是公平的。」要怎樣才能找到你想要的終身伴侶，「廣交不深交」是有它的深意的。

當時父親給我的一個方向：「廣交不深交」，我有了這樣的概念後，立定追求到我心中想要的對象。於是給自己培養能力，也給自己創造機會，為自己理想的終身伴侶而努力，最後我如願以償，我做到了，這是我一生所做的最好的決定，一生無悔，今生不變。

「想法引發做法，做法產生結果」，這是不變的邏輯，源頭就是想法，結婚的對象如何選擇？選擇對的人很重要，因為另一半每天和你朝夕相處，他將會影響你一輩子，更是影響到下一代，所以自己心中要有基本篩選的條件。

男女本來都是獨立的個體，來自二個不同的成長背景的家庭，都有自小養成的個性與脾氣和習性，交往時彼此吸引，無所不談，戀愛的賀爾蒙效應很容易模糊了理性，但若要共組家庭，攜手扶持一生，彼此都要冷靜下來思考一下，在交往期間，先想想自己的需求，再看看對方的所做所為是否可以被自己接受，同時也觀察自己的價值觀，人生觀，興趣，嗜好和對方是否差距很遠？就以對錢的用法來說好了，二人的想法是否差很大，會不會為了錢常吵架？？再以興趣來說，一個喜歡跳舞的人和一個拘束禮教的人也許就合不來？

這些生活中的小細節都要在交往前先了解，看彼此是否真的適合在一起生活？人說相愛容易相處難，結婚是人生大事，對於婚姻、對於另一半彼此都需有共識，一旦決定了，就要用絕不反悔的心來面對婚姻，從愛產生意志力，從意志力激發出勇氣。無論遇到什麼困難風浪，倆人都會緊抱一起共同面對，絕不逃避，家就是日後唯一的歸宿，彼此同心維護，這樣的結果就成就安穩的家，而這個家成就幸福的家人。

二人有意結合想共同生活時，對生活要有共識、要有規畫。當男＋女＝家時，責任和角色就轉變了，它由個人升級為組織，家庭教育第一課，從想法先建構共識開始，夫妻是家的主要成員。要把家的地位擺放在兩人的上面，而且兩個人都願意效忠於「它」（家），一生無悔。

## 2 不是為你，不是為我，都是為了它——我們的家

> 家庭教育就從有「家」開始，所有成員都有責任把家變得溫暖而甜蜜。為了「它」能長長久久，因此，每個家人都須在意「家」的存在，並且知道「家」很脆弱，只要兩個人一有衝突，加上擴張的情緒，如果一個衝動生氣，代價就是要犧牲一個家庭，若是一時衝動，當情緒過後，冷靜之時一定很後悔。當有愛「家」這個前提的宏觀和遠見時，很多情緒都暫時會被包容下來。這種思維是每個人想擁有幸福溫暖的家庭的人都應該要學習的。

美滿的家庭是建構孩子完整人格的堡壘，夫妻如何有共識，經營美滿家庭是很重要的，它影響孩子的成長時身心健全與否的關鍵。若婚姻只是建構在短暫的情愛慾望上，很快就會出現問題，當日子歸於平淡，交往時的甜蜜不再時，多數人原有以自我為中心的意識又被喚醒，人有時只貪圖一己的私

慾，或口舌之快，傷害或漠視對方，彼此開始時或許能容忍，或責怪抱怨對方一下，過錯、缺點忍忍就以為能過去了，但若沒有徹底的了解夫妻間的問題，或沒有共識，日積月累，忍無可忍時，就容易走上離婚一途。

坊間兩性專家家庭顧問都要教導我們要容忍包容，說好話，讚美欣賞對方……但為什麼還是無法遏止不斷高升的離婚率呢？用互相鼓勵把磨合做的更好，用讚美優點代替僅數落缺點，這些都是必要的，而根本促使我們願意這樣做，願意這樣付出、犧牲、包容的前提是，我們有這樣的共識：不是為妳，不是為我，都是為了它——我們的家。唯有一家人都有這樣的共同信仰下，才可能持續美滿婚姻，建構美滿家庭，這也是本書最大的重點前提。

「愛家、以家為重」的共識，夫妻以這樣的氛圍迎接每一個到這個家庭的新生命，也邀孩子一同經營這個美滿的家庭，那怕是孩子年紀小一樣能盡心力，哪怕孩子只能分攤掃地等小工作，出發點是為了對這個家的付出，讓家變乾淨，他就能一起參與建造這個家，這不是誰幫誰做，是共同打造幸福的家。

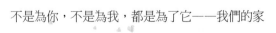

夫妻所作所為都以家為前提，無形中也成為孩子最棒的身教，小孩在耳濡目染長期薰習下，尤其在一～五歲時期間，建構這樣的觀念更為重要的，讓愛家的觀念內化在孩子的思想上，將來在他的婚姻家庭中一定也是美滿幸福，如此良性的循環就是這本書最大的目的之一。

人生成功的定義不只是能賺多少錢而已，集合生命中每一個小事件的成功，就成就人一生的大成功，千萬不要把家庭教育當小事，家庭安定溫暖是成就人生其他事業很重要的因素。

每一個人都應認真思考自己生命的意義，讓心靜下來，想著此生的我，生命是短暫而有限，用完了就得被無常回收，現在它在我手上，試問？該怎麼用？該怎麼讓它發光發熱？每個人生命價值與意義不同，不可能每個人都當張忠謀、五月天。如果自己沒有能力賺那麼多錢；沒有能力成就大事業，最少、最低程度，每個人能達到的成功就是把「家」經營好；只要有心、願意，建構美滿的家庭就成為這輩子的成就，最少安定了社會上一個小單位，最少我教養的小孩能成就為一個社會安定的力量，有了它，這一生就值得了！沒有遺憾！也可以自豪的說：我的人生算成功了！

想法是引發行為的動力，想的強弱程度是有差別的，當隨意想想，意志薄弱，那麼這個想法會在二個小時後自然從大腦中刪除；但如果想要把它記得，想牢牢的記得，那就用大腦把它重複一次，再重複一次，如果你把重複次數一直增加，則代表它很重要，是你真的想要的東西。

或著你可以喊！大聲喊！用力喊！對自己的內心喊！把你想要的東西用你的心大聲喊！讓它知道你不只是要，而是非要不可！

這些話給將要結婚和已婚的年輕人，非常受用，日前，一位計程車司機在聽了之後，很肯定的說，從此，他開車要更小心，為了家他必須這樣做！

# 3 準媽媽的教育，身心準備

這本書的重點是開發訓練嬰幼兒的認知，與良好習慣能力的培養。但更大的意義是教育所有要教育嬰幼兒的人，尤其是媽媽，對於母親這個角色的正確認知。世間最殊勝的職業就是媽媽，有媽媽在就有家，母親維繫一個家庭的完整，女人在家庭中是最主要安定的力量，重要性不輸給男人的家庭經濟支柱。

筆者從四十年前就不斷訪問有幼兒或懷孕的女人，想知道那些準媽媽們，是否知道要如何教導她們的小孩？在受訪者中，明確知道該如何教育自己的小孩的媽媽，只有不到百分之五，其餘的大多不知道，這樣的結果令我憂心忡忡。

美國對孩子教育是有全民共識的，我有一位美國友人在大學教書，有一次聊天時問我：「請問你，如果你有二個小孩，一男一女同時間要上大學，但經濟能力只許可一位孩子讀，你會做何選擇？」我不加思索地回答：「當然是男孩子！」美國友人回問：「為什麼？」按照中國傳統的觀念，當然是因為男生是將來的一家之主，他要娶老婆、養小孩、養家餬口啊！但美國友人卻說，如果這件事在美國發生，美國人一定會選擇讓女孩子去讀大學，因為女生將來要當母親，她須承接教育子女的重責大任。可見美國人對於小孩根本教育是很有遠見的，不只官方重視，連民間也普遍有這種共識，這是值得我們認真思考學習的。

現在我們希望透過這本書，引導媽媽對初生嬰幼兒的教法，並提供一些筆者切身經驗與有效的方法，讓每一個新手媽媽與家庭都有方法可以依循，不會在每日辛勞工作後，還要面對嬰幼兒教養時手足無措，因而放棄或蹉跎了最重要的黃金教育期。

這個世代，尤其在台灣，所有的物質都不缺乏。古時候會因為饑餓而作奸犯科，台灣沒有這樣的問題，大環境怎麼壞，比起世界上許多地方，溫飽還是有餘的。但社會問題卻是層出不窮，根本的問題在教育，尤其是影響一

個人人格發展的根本教育。防弊不如興利，長大了再教，會面對的困難辛苦更甚於此，母親是影響小孩最重要的人，有好素養的母親，能幫小孩製造一個環境，一個能充分學習，充滿溫馨與正知正見的環境，所以要教好小孩前先教好母親。

孟母三遷這則故事中，我們知道孟母深知環境對孩子的影響，並深切了解要把握住孩子成長的時期，這個階段是不等人的，因此必須有積極的作為，為了孩子的學習而搬家，而且連搬了三次，所謂近朱者赤、近墨者黑，辛苦是值得的，她知道投資在孩子身上是只賺不賠的，像我們打造績優股般，利益是長遠的。

母親從懷孕到生產，經歷漫長的十個月，讓新生命在肚子裡面一點一點成長，充滿喜悅與期待。但嬰兒出生後，很多初為母親的女人卻有產後憂鬱症、躁鬱症、恐慌。原來的喜悅轉成煩惱、甚至恐慌，馬上面臨很多問題，諸如孩子的父親可否提供足夠的協助？家人是否能夠幫忙？請保姆錢夠不夠？自己身材變形？這些問題已經夠煩人了，每天還得像打仗一樣，面對一

個二十四小時無法離手的嬰兒，該如何帶？怎麼洗澡？生病了怎麼辦？……搞得灰頭土臉。

在匆忙間，好不容易熬到到小孩三歲，可以上幼稚園了，父母親終於輕鬆。以為三歲以前只要好好養，三歲以後就是老師的事了。

多數的父母都把重心放在三歲以後，替小孩選擇名貴的幼稚園、貴族學校、上一大堆才藝班，唯恐輸在起跑點。但我們觀察幼稚園的小孩，行為言語中幾乎都已呈現小霸王、小魔女的態勢，在這裡筆者語重心長的告訴大家，慢了。一個小孩最重要的階段在出生到五歲，五歲之後，脾氣個性幾乎定型，再要靠外面的教育來塑型已經為時已晚！尤其，這時候幼稚園的老師多數在不願得罪家長的狀況下，不會切實糾正小孩的思想行為，即便有心，也須家長配合，當然多數是無能為力。這樣的情況延續到國小、國中，就是現在大家看到令人頭痛的教養難題。與其如此，何不在能塑型的階段努力，父母，尤其是媽媽辛苦幾年，等建構健全的人格後，人生就似倒吃甘蔗，不須再為小孩操心，而且享受親子的快樂。

要教育好孩子第一個條件是母親要有心，這是最基本的要件。找方法，找環境，找老師，找資源。早在幾千年，資源貧乏之際，孟母就有這樣的見識，今日所有的訊息資源如此豐富，只要母親有心，並在心理強烈認知，無論如何不能錯過這個重要階段，辛苦幾年不只成就了孩子，整個家都終身受益。

# 4 最好的胎教，身體健康、心情愉快

健康在這本書裡是六大重點之一，它是每個人每個幸福家庭的根本因素。孩子的教育訓練，從懷孕時母親肚子裡即可開始，這才是真的不要輸在起跑點。笨媽媽和懶媽媽絕對不會教出優秀的孩子，我們有理由相信隨機殺人和家庭教育有絕對的關係，而教育從懷孕開始。

胎教可以說是胎兒所長的環境與懷孕者的思想、語言、行為的總和，很多地方都會影響胎教。前者當然指子宮及孕婦的身體健康狀態，後者則是這階段孕婦身心總和。

一位曾在二次大戰時期參與優生學研究的醫生，告訴家住臺南的劉先生，母親懷孕三至五個月時，如果行房，不但不會傷及腹內胎兒，並且會因為子宮被刺激而收縮，在收放之間，有助於胎兒腦部發展。劉先生將這訊息告訴懷孕的太太，當然他太太不太相信，於是就帶著太太去看那位醫生，親自聽醫生說明內容。後來，他太太懷第二胎時，他也照醫生說的去執行。後來他女兒在學校的學習成績都是全校前三名，考試都是滿分，日後這兩個女兒都當上了醫生。從他的經驗，我們了解，人類素質的提昇，除了有先天性的因素，也有後天性的人為因素，只要知方法，在第一時間能夠運用，便能得到預期之外的效果。

其實佛經《父母恩重難報經》中即有提到：「懷胎六月，胎兒耳聽目明。」外在環境和諧、紛擾、吵鬧、歡笑胎兒都能感受，所以孕婦所處的環境對胎兒的影響十分重要。在孕期的保健上，睡眠充足、飲食均衡營養、適度運動、心情愉悅、保持良好的生活習慣，唯有這些條件做的好，胎兒所身處的環境往往才會比較好。此外，如果準爸爸有抽菸的習慣，應盡量為了家人的健康而戒菸，二手菸對於孕婦與胎兒來說傷害相當大。

除了外在環境之外，母親的心情直接影響胎兒，孕婦身體健康精神佳、心情好，情緒穩定、想法正向，大腦會分泌好的荷爾蒙，寶寶也會感受得到喜悅的情緒；相反地，當媽咪受到刺激時，子宮收縮、供血量降低，情緒煩躁不安、壓力大、易怒、想法負面，腎上腺素上升，胎兒藉由胎盤與母體連結在一起，這些負面的情緒會導致胎兒的心跳變快、情緒緊繃，甚至連胎兒都會跟著感到緊張。因此孕婦要盡量避免焦躁、生氣等負面情緒。應盡量保持心情平穩輕鬆愉悅，起伏變化別太大。除此之外，持續的柔和運動也是維持健康不可或缺的。

胎教有助於使胎兒更早獲得各方面的刺激，其實可以把新生兒視為胎兒的「稍微放大版」，我們跟新生兒互動時，他也常有所回應，比方動動手，所以胎教更可視為提前與寶寶互動與生活教育，有助於刺激感官與神經系統的發展；另外亦有助於促進親子關係，如果準爸爸一起加入做胎教，可強化準爸爸在親子關係間所扮演的角色，使準爸爸更有參與感；亦能促進夫妻關係的和諧，讓媽咪感受到獲得另一半的支持。這也是筆者一直強調「家」建構在兩個「私」上，當這個家要迎接新成員來到時，當然所有的成員都要為這個「公」付出與配合。

# 5 三項法寶畫出方圓——家有家規

古人有很多美好的傳統，我們的社會棄之不用，非常可惜！然而那些精神如果確實用在今天的社會家庭中，必可減少很多社會亂象。

忠孝節義、禮義廉恥的教育，乍聽之下好像在說天方夜譚，細細逐條思考仍是今天立身處世為人之道，我們的社會崇尚自由、自我過了頭，今天我要提倡家庭教育其中一點，應被徹底執行與實踐的就是規矩的建立。家像一個小社會，家裡的規矩隨隨便便，出了社會決不是個守法的人，每一個家的分子都能確實遵守家規，那麼社會上哪來那些作奸犯科的人呢？

在家是家規，在國是國法，制度、法制就是在培養自我管理和尊重別人的制度，為了把「家」經營的有條理，就必須建制，一旦制定就必須共同導行，父母本身的謹守規矩，就是對孩子最有效的身教。當然家規的訂立不像

國家立法那樣嚴謹，但功能與作用是相同的。我們可以在輕鬆的晚餐時間訂個常態性的家庭會議，在這個時間裡與每一個陸續到這個家的成員共同來討論制定規矩。會議是為解決共同問題，集合個別的智慧，發現問題，提出解決的辦法，討論時尊重發言，充分討論，決議以組織最大利益為優先，會議要有主持，主席，會議針對議題要有決議，不可議而不決，決而不行，行而不檢。（決議、執行、檢討）。

公事、私事，主辦、協辦，討論、定論，執行，檢討，良好互動、良好共識，生活有重心，精神安定，而家與家人的生活安定，健康發展，幸福快樂，切記，夫妻都是家庭工作者，都是要為這個家努力工作的人。

小孩還小的時候，總還是會有怠惰或失去理性的時候，為確立規矩與教養，設置了有三件法寶：一是鞭子；二是打氣筒；三是劍。詳細請見第四篇中介紹。

# 6 家是銀行，讓我們一起儲存愛！

如何打造讓家變成一個溫暖堅固的城堡，除了當初的愛意之外，經營一個家像治理一個國家一樣，國防，外交，經濟，財經，教育，衛生，等等，每一個項目要如何實施，如何分工，都可以形成聊天的題目，理性和諧的溝通是不可或缺的。

怎樣達到有效溝通，不是表達自已的意思就好了，而是盡量在燈光美、氣氛佳的家庭氛圍中，心情平靜下的前題作溝通，尊重彼此想法意見，將議題提出後，怎樣以家庭最大利益的目標去做調整，或犧牲一點個人時間、玩樂，或彼此作出讓步，找到方法然後去落實，這些都需要全家人不斷學習，彼此打氣，同心協力下才能建構溫暖堅固的城堡。一旦建立後，我們就是別人眼中，常在曬ＦＢ恩愛、曬美滿令人羨慕的家庭。

如何愛「家」，如何經營除了主政者和家人共同的學習，同時也是對於孩子教育的課綱，以長遠的眼光，就是要永續，當有了共識之後就開始以「需要」為思考，一定要有發動議題，並引導議題的討論，並用客觀的角度來討論。每一對夫妻或每個家庭它的背後都有這些題目，而每個題目都必須有因應措施，你不面對它，就會被它淹沒，你不去解決問題，就會被問題解決你。例如：「家」有何需要？錢、安全、社交、設備、衛生、娛樂、教育等。但這些項目不會憑空而來，完全要靠所有的成員共同來努力維護，於是分工、分擔家事就是每個家人的責任。

我們常聽到為了做家事而滿腹牢騷、或抱怨對方生活習慣不好導致環境髒亂，對方付出不夠……問題都出在沒有把家認作最重要的「公」。當男女下定決心共同建立一個家時，首先要把心拿出來，真心為家做每一件事，公是由兩個私（夫和妻）共同組成，那些是公領域，那些是私人事務，心中有「公心」才能分辨公私，只要於「公」的作為都應該被鼓勵，被肯定。不是為你，不是為我，一切都是為它，我們的家。

夫妻爭相為家，相互之間信任度就必然隨著更多的事情，而儲存你對家

的愛，另一方心中也會感受到你對家的用心，同時也激勵我也願意為它多做一些，如此，產生了良性的競賽，西洋人有句話說：「生活是一門高深的學問」，家庭與生活合起來就更多的學問了，每天有做不完的家事，從三餐，打掃，洗衣服……每天都要做同樣的事，但如果你能主動分擔，你煮飯、我來收拾碗盤，我有空，衣服我來收……這些家事也是將來孩子參與學習和協助的事項，同心協力，相互支援，共同完成，為了家，我們都願意。

古人對於家事的分工是採男主外，女主內，但是現今的社會已經是雙薪社會，白天都需出門工作，到下班才能回家，所以已經無法做此分工方式，至於要如何分工，何事由誰處理，都可經過互相討論後決定。

大家都把家的前提視為第一考量，就會儲存愛，就會有包容，就有了共識沒有抱怨、就不會有恨，也代表能夠理性思考，古代夫妻的守則是互敬、互重、互諒，我們以一切都為家，這樣一來，彼此之間只有愛只有奉獻，只有信任，只有感恩，只有感動……每天家裡充滿著溫暖、溫馨。

除了夫妻兩人須同心協力經營家之外，對於新到的每一個成員，我們都以家為前提教育，每人都願意為「它」效忠，建構孩子幫助媽媽的思想，告訴他間接幫助家，因為他的作為，沒有牽絆媽媽，而能讓媽媽去做更具生產力的事，肯定他的參與，肯定他的行為義意，他很重要。一個把自已照顧好，或一個幫忙的動作，即可以解讀正面的「責任」、「勤勞的意義」、「願意幫助他人，肯定自已」。這樣思想的建構只需媽媽找機會隨時教育，孩子就能對家認同進而產生責任、勤勞、服務別人、肯定自己的功效。

「學習」是一件很重要的事，孩子除了自已會，可以減輕別人費心對他花時間照顧。如此，他對於學習的認知是「學會是一種對家的貢獻」，由於這樣的連結，孩子對學習與成長的興趣就不同於一般孩子。父母懂得解讀行為意義，可以激發孩子學習，願意耐心教會幼兒使他更有能力應付生活中的事務。例如：拿碗，用筷，穿衣，扣扣子等等，需要手巧操作，媽媽在旁思想引導，示範教導和重複練習再加上鼓勵讚美，成績必然進步。

不是為你，不是為我，都是為了家！每個人都能這句話當最終圭臬，相信沒有不幸福的家庭。

# 第二章　大腦訓練──越用越靈活

使用「重複」法，用很深刻的對話，把教者和小孩的對話、小孩和他自己大腦的對話重複，反覆最少七次，這個事件情境就能在小孩腦裡深刻烙印，這樣的「知」才算完成。

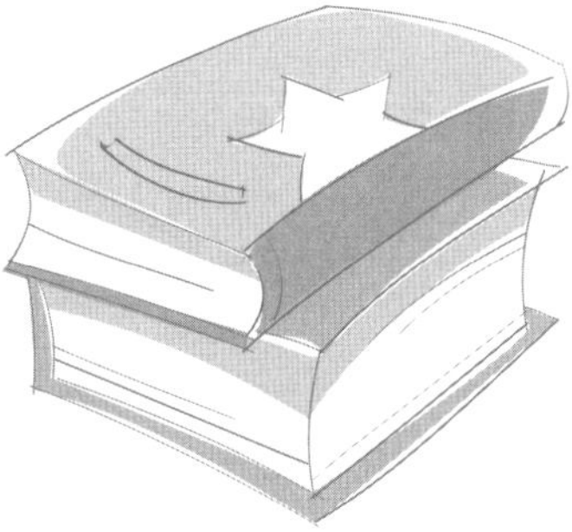

# 1 頭腦自述

我是大腦，我生來就是管著耳朵嘴巴，眼睛，身體，手和腳。它們都是聽我，我是指揮。如果，我很強，我的指揮它們的效能就能產生，反過來，一旦我生病了，那它們就癱瘓了，只剩下空殼，變成虛有其表，沒有內函。完全是行屍走肉，或像躺在床上的植物人一樣。

從媽媽把我生下來時，我是一張白紙，從什麼都不懂開始，要過我的一生，人們把它稱為「學習」要讓我變成聽明懂事會想，在歲月過程，我一邊自已學習還要指揮我的部下們也都能夠學習，從我的肚子餓了，就叫嘴巴工作——「哭」，嘴巴一哭，於是就有奶可以吸了；尿了、拉了、過敏了、病了等等，只要有不舒服了，就叫嘴巴「哭」，把訊號送出去。

因為我還小，還無法訓練我的腳走路，也還無法訓練嘴巴說話，不會說，只好用「哭」的，但這段時間總會過去的。沒經過幾個月，我從用手腳爬，漸漸訓練用腳走，手也能從拿著奶瓶開始，然後練習拿筷子、拿碗，並且叫長出牙齒的嘴巴吃稀飯，乾飯……。

在學習這些事物的時候，我的腳總告訴我，它很害怕，怕跌倒，怕受傷；我的手在學拿筷子的時候，也告訴我同樣的心情和擔憂，就在此時，如果有人說我怎麼這麼笨，批評我或責備我不夠用心，或抱怨我，我的心情就盪到谷底，反抗發懶，再也不想學習了。但是每次有人認同我，聽到別人的讚美，我又心花怒放想做更多更好……這就是我！習慣就是被要求而來的，並知道它有正面的意義，因為有人這樣告訴我，讓我知道這樣對我是好的，是有幫助的，是對的事。有被大家鼓勵與認同，感受到學習的樂趣和成就感，於是自已愈來愈有自信，越來越想多學習。

如果我的笨媽媽或懶媽媽沒有規劃如何引導我，我就像其他少子化下的小孩一樣，出生就自然受到百般的寵愛，阿公阿嬤的寶貝，父母的掌上明珠，媬姆更是要小心翼翼呵護。

大家都那麼愛我，自然我的一舉一動，都是牽動每個人的心，大家都在努力討好我、愛我、隨我歡喜……只要我高興什麼都可以，那我自然就更隨興了，因此我變成太上皇……不，我是大家的寶貝，我只在乎我的感覺感受，完全只有感性的發展，我就在這樣的情形下，可以任性地每天快樂的生長。

大腦就是如此，如何在學習的開始，有內行指導的老師和旁邊的啦啦隊引導，讓學習產生興趣，進而達到效果。如果這個過程沒有好的老師來引導，沒有刻意塑造學習的情境，小孩大腦中就不會突顯上述的學習感受，也就平平淡淡的渡過這個時期。然而，很快地一下子就三歲了，到托兒所老師能教的很有限，只是本來該學習各項生活技能的黃金機會被大人忽略了，而讓小孩任意發展的後果，當然令人憂慮。

人類在正常情況下，經由大腦思考指揮而產生的行為是理性，如果依據感覺來反應，所產生的行為，我們稱它為感性，而法律規範或道德約束，都是希望透過教育來約束人們在群體中的個人行為。

大腦就如同電腦，要不斷的儲存新知及建構認知，知的程度有深淺分別，有浮光掠影的好像知道；有一知半解的知道；有深烙腦海的鐵定知道；與內化為生活習慣思想的落實知道。在學習的過程中，唯有真正知道，清楚知道，才有機會產生行為，才能往習慣與思想的路上推進。

因此，在建構每樣「知」的程序就一定要落實，如何落實？教育者運用時機，製造情境，完全充分地對話。當每一個事件發生，在第一時間立即使用「重複」法，用很深刻的對話，把教者和小孩的對話、小孩和他自己大腦的對話重複，反覆最少七次，這個事件情境就能在小孩腦裡深刻烙印，這樣的「知」才算完成。

訓練者（媽媽）將要儲存在小孩大腦裡的真知，仔細認真選擇過後，一樣一樣置入在完全空白的大腦中，而這些將是小孩的人生觀、價值觀、是非對錯的依據。這些很重要，不要平白放過而不好好運用，真正用心的幫助我們的孩子，把他一生所要的就在此時，把全部基礎根基打造堅固。滴水能穿石，五年建構的認知足夠一生適用。

作者自已深切的了解，這個方法對小孩的益處，而且認真落實在每一個小孩，每一天的成長中。從自已的孩子，到女兒開的安親班，再到自已的孫子，這些經過建構「真知」，再推動行為，把它們結合而成為習慣之後，他們的人生就充滿著喜悅、快樂。我不願意自私，更希望所有孩子都能在有心、有智慧的父母教育引導下，個個都是懂得掌握自已，了解自已，並且能夠推動自已的人。

## 2 一歲 動大腦的運轉訓練

把六大產品透過強制推銷，讓孩子在五歲前就有清楚的價值觀、品德、抗壓性、使命感、強壯的觀念，其中最大的關鍵就在對大腦建置正確的觀念。教小孩讓他的大腦會去想，是啟動大腦訓練的初步，這個過程要靠訓練者透過語言、生動的表情重複的引導他。

我們舉以「我是好人」為例，從好人和壞人的比較，好人的行為是幫助別人、友善別人、是說好話、做好事、存好心、是有責任的，願意和別人分享、願意幫助別人，看到長輩、看到朋友願意跟人招呼的人，我們看到這樣的人就知道他是好人，就如同臉上會寫著我是好人。那壞人呢，會罵人、會打人、偷東西、說謊、懶惰、搶人家的東西、且面帶惡相，如果看到人家做出這樣的行為，他的臉上就會寫著壞人。那麼，我們的孩子，請問他要當好人還是壞人？讓他選擇，他當然會說：「我要當好人，不要當壞人。」

這是孩子聽完你的說明，並做了選擇「我是好人」。大人這時須用黑白臉招式，運用重複法，把他的承諾放大並給予肯定，自我定位的力量將從此由大腦來指揮，並決定他日後願意做「好人」的種種事情。

再例如，服務愛家的觀念：「你這麼做除了幫助媽媽，也幫助這個家」，對於他做的價值給予肯定，並用多方面肯定往正面連結，因為願意，那其中就有服務，幫助他人的熱忱，由媽媽把它作為肯定，並激發他「願意」，引導他「會想」，因此做的事就是對的事，於是在她大腦中建立服務的熱忱、愛家的信念，也因此得到好人緣，良性的循環從此開始。

大腦在日後，要做的工作是要會想，要會不去想，要理性，要管理感性，要能訂計劃，要能執行計劃。要能管理自已，以及領導自已，要訓練嘴巴講話，能表達，能溝通，能主持，能司儀，能演講，能訓練交感神精，副交感神精，能指揮身體，能指揮眼睛，指揮手腳，能理解，能判斷能決策，能夠把大腦運轉也能夠使它休息，能夠有創意，能夠建立目標及推動，知道

創造快樂，學習各種專業知識，專注要有保護身體安全避免危險及受傷。以上這些都不會憑空而來，是需要被有計劃的訓練。

一歲就啟動大腦的運轉訓練，以六大主軸為認知的素材，啟動大腦體操，統合邏輯思考、自我定位，訓練者重複對小孩丟出問題讓他回答：「要不要？」，「為什麼？」，「怎麼是？」，「原因？」，「因為如此？」，「所以怎樣？」……，邏輯和道理一點一點建構。這些都是訓練思考能力和決策能力的過程，訓練者需不斷的找尋題材訓練，這種故事案例有太多了，所有的名人傳記或身邊的親朋好友之間都有很好的故事題材，只要收集一下，或書店圖書館走一趟或電腦搜尋一下垂手可得，只要媽媽、老師動起來，孩子的言行舉止就有不一樣的發展，就是讓人感受不一樣。

當訓練小孩用大腦思考時，訓練者須威而不怒，將我們要傳達的訊息對小孩說：「眼睛閉著告訴頭腦」，這樣的要求時，須嚴格，不折不扣堅定的語氣，讓小孩有一點停頓思考後，隨即教育者再輕柔的詢問：「你告訴頭腦什麼，說一遍給我聽」。這樣對一個一兩歲的孩子而言，就是打開大腦靈活思考和有效建構認知的最好的訓練，而且是容易結合行為的方法。

方法有了，可以隨著學習進度，安排不同的題材，以書中六大主題，作為材料，這是身為媽媽或訓練者必須準備的工作，一旦準備好訓練的題材，小孩就在自已家裡，隨時隨地很機動的被訓練，良好的訓練者當然知道是以幫助小孩的學習為目的。主從關係中小孩是教導的主體，自然應被尊重，真心協助，因此，耐心很重要，如何使用他能懂，能夠理解的話語，這都是考驗教育者的能耐與本事。

希望大家重視這階段教育，深刻認知訓練的重要和必要。社會普遍的成功公式，**思想觀念**40％＋**人際關係**40％＋**專業能力**20％＝**成功**

從這個公式開始訓練你的孩子吧！男女都一樣，不是學打工的技術，而是學創業的本領。多數的父母貪取眼前的輕鬆，把小孩托給只餵飽三餐的娛母或計較用這時間去賺錢，筆者懇切的提出忠告，計較眼前會失去未來，計較小錢會失去大錢，沒有遠見必尋短見。全世界最好的投資，最沒有風險的投資就是投資正確的學習。學習可以讓人有遠見，學習才知未來的趨勢，況且這個投資的對象是自己的小孩。

某天看到網路介紹美國有個教禪的訓練班，招收的都是國小生，年約十歲至十五歲的學員，訓練小朋友靜坐。先讓小孩將四處奔流的情緒安定下來，當肢體心思安靜後，大腦才能思考。也就是大學中說的：「知止而後有定，定而後能靜，靜而後能安，安而後能慮，慮而後能得」。做到古人說吾日三省，從反省深思中產生智慧，才能使指揮的身體的大腦發揮最大最好的效能，在省思的過程能夠清楚和自己對話，這也是我們必須訓練大腦「想」的重要性。

## 3 錯！一定要有陳述的機會

一歲建構認知後，溝通就容易，彼此都有「共識」愈往後難度會愈高。當然一定還有很多行為需要修正，舉個例子：

如果，說錯了話，或沒有指揮嘴巴和別人打招呼，屬於嘴巴犯錯，就是罰嘴巴。修理之前先一定要聽聽小孩怎麼說，讓他有機會陳述，為什麼犯錯？當孩子說完，大人再將正確的認知用重複法，再次深植他的腦裡，於是他接受自己的行為是不對的，讓他心服口服，才不會在小孩心中有微詞，影響後續的行為。

矯正的過程和方法是讓小孩知道，東西壞了要透過修理才能再使用，我們的行為錯了一樣要修正，修理的定義不是處罰而是修復，要大腦指揮中心告知嘴巴要改正，讓小孩自己修復沒有盡責犯錯的嘴巴，要他自已捏嘴皮，給嘴巴警告，不要再犯同樣錯誤。犯錯不重要，重要的是要從中得到經驗，

並改正。犯錯是學習的過程，用這樣修正錯誤的方式，當孩子犯錯時就會坦然面對，而不會怕大人責罰而隱瞞說謊。一般傳統的做法，孩子犯錯時家長是站在對立的角度，以管教執法者的立場，以父母的權威責罰孩子，或甚至體罰孩子。但這樣做，除了不尊重孩子外，更有可能傷了孩子的自尊，也會使孩子心生恐懼害怕，這和努力要訓練孩子勇敢就背道而馳了。

讓小孩自已執行「提醒」的工作，自已告誡犯錯的「手或腳或嘴」，並進行修復，訓練者這時需再一次使用重複法，把這個事件正確的觀念，再一次深植孩子腦中。這所有的認知與規範，平時就要共同制定，全家共同尊守，沒有特權。

備註：由自已執行提醒（打或捏左手犯錯右手打它），除了要求改正，在過程中應給予孩子人格尊重，並在和緩的氣氛中糾正孩子，而被糾正的孩子也不會因此處在敵對的狀態，最後讓孩子由大腦面對犯錯的手說：「下次不可以了」，這樣才能達到改正與加深大腦認知的效果。

壞掉的東西需要修理，
壞掉的嘴巴和手也要訓練孩子自己修理

# 4 懶於求知的人，沒有生存空間

腦袋只會愈用愈靈光，世上沒有因用腦過度而完蛋的人，因此腦袋只要能用就應讓儘量用。日本思考大師大前研一提出這樣的見解：比別人多花兩倍的時間思考的人，就可以擁有別人十倍的收入。以此類推，企業家如果願意花更多時間去思考，則可能創造出意想不到的成果。

解決問題要思考，而思考要找問題，分析問題才是思考的步驟。事實上，多數的人在面對問題時，並沒有認真的思考，而是單純的把「一時的想法」稱為解決對策。如果領導者是用這一時的想法來解決組織上的問題，後果就堪慮了。

解決問題根本就是邏輯思考力，邏輯思考力不但能夠讓我們解決問題，我們一般常說的先見之明，直覺也是從邏輯思考中產生的。在新時代要求得生存並勝出，唯一的路就是依靠邏輯思考。

大腦即是成敗輸贏的關鍵，為什麼不再可以有機會為孩子訓練出一個會思考的大腦時就啟動？要求，要求再要求，每一個要求就代表建構一個認知，就建構一邏輯，孩子是單純的個體，習慣也很容易養成。作者的用意就是引導媽媽，在小孩最重要的階段發揮功能，訓練他、幫助他，假設媽媽沒推動，任孩子的本性自由發展，可以預期，人性惡的一面，和懶散的一面日積月累下，就會無限的被擴張，一個個壞習慣被養成後，就成了周處除三害的故事中危害社會的一害了。

當小孩沒有被要求規範，被訓練學會用大腦，他就隨心所欲，並清楚知道有苦的他不要，挑心裡喜歡的吃的、挑好玩的，挑對他有利的。因為他是大人寵愛的寶貝，只要他開口，想要的就有。只要父母、家人在教養的心態上寬鬆，寵愛，也就是非理性的溺愛，日復一日小皇帝、小魔女就孕育而出，造就以自我為中心又完全沒有生活與思考能力的草莓族，無怪乎只能當個領22K的打工族。這也是我殷殷盼望，希望能藉此改變與提升這一代年輕人的能力。人接受教育，大腦經過訓練，才有智慧與能力，智慧與能力才是這個世代最大的本錢，唯有如此，才能在競爭激烈的經濟環境中有生存的能力與空間。

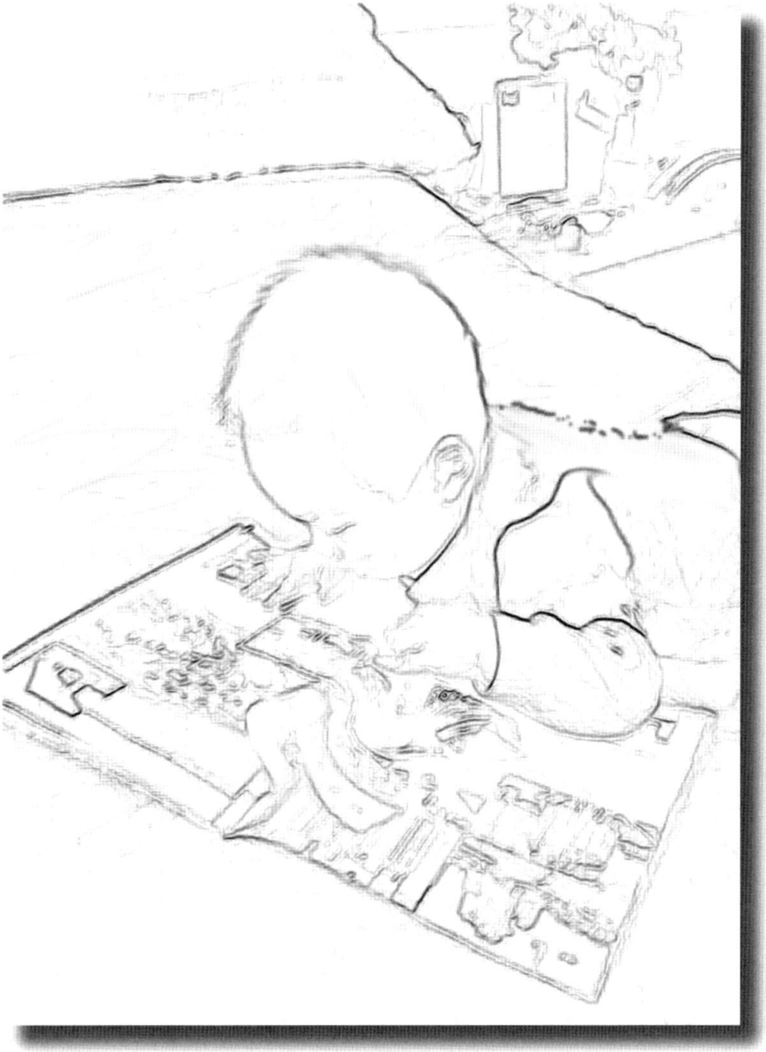

# 第三章　我長大了，自己的事自己做

讓孩子認知長大的意義，長大表示自己的事自己做，從長大意義延伸，長大是更有能力，能幫媽媽做事，進而服務他人。

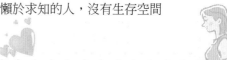

## 1 思考長大的意義與作用

想和做是靜和動兩個層面，張眼可以看地球，閉眼可以觀想宇宙，思考就靜下心把身體放空，把提供大腦能夠運轉的環境建構，從安排事情，計劃事情，預知後續零零總總，思考就是大腦體操，當它時常運轉，能量就愈大，系統愈靈敏。所有小孩的好奇心來自喜歡問「為什麼」。「為什麼」一旦有了起頭，教的一方就要馬上抓住機會隨機應教。

嬰兒從出生開始，所有的時間都處在吸收外在的環境與情緒語言，千萬不要忽視嬰兒的理解能力，他只是還不會表達，大人對他傳達的語言情緒他都能瞭解。

我們每天一點一滴告訴他，從認識物件、他自己的身體、別人、到抽象的情緒，慢慢累積生活上的事物。每一次進步，都讚賞他長大了，讓他漸漸認知「長大」是比以前更棒、比以前更會做事的觀念。等到嬰兒能走、能自己吃飯……就能將「長大」的意義具體化，也就是本章重點：

**長大了＝自己的事，自己做。**

## 2 自己的事自己做

他自己的事學會了視同幫助媽媽，他會了自己可以自理不再牽絆媽媽，因此媽媽可以騰出更多的時間來做其他的家務，鼓勵激發孩子學習的意願，並享受學習成長的樂趣和喜悅，這些是比買玩具給他更能令他喜歡。

當然一開始免不了需要訓練者耐心操演，然後手把手帶著操作，再來就須看小孩表演，實際動手。要如何讓他學會做好自己的事，教的一方教小朋友基本原則，先在一旁輔助，直到他能獨自完成。過程不要怕因為他會弄髒環境、拖延時間、做不好而出手代勞，我們一出手就前功盡棄了。例如：吃飯，時下父母常抱怨的育兒難題之一吃飯問題：一者小孩邊看電視或邊打電動，大人把飯送到孩子只要張開嘴，或者不吃讓大人追著跑餵。如果能從小依照我們教法「自己的事自己做，吃飯當然是自己的事」，相信不會有這樣的情況發生。

從日常生活中的吃飯、穿衣、洗澡、收拾玩具、幫忙家事，讓小孩慢慢體驗自己「長大了」，跟以前不一樣了，越來越能幹了。教的一方不但不會代勞，將孩子學習機會剝奪，而且隨時利用機會找「事」來鍛鍊嬰幼兒的能力。隨機運用機會，把它形成一次次有效的頭腦體操，也解開「為什麼」的探索。「智」，它不就是一個「知」加一個「日」，天天有新知，隨時隨地做，藉著做事去累積經驗，藉著有事做可以思考如何著手，如何進行下一步，過程中又如何達到目標。這些經驗與能力都須在做的過程累積，任何人，只要有機會經過這樣訓練，一定會增長智慧與能力的，所謂不經一事，不長一智。

## 3 幼兒可訓練項目

以一個單一事件，從第一時間從解說到認知的建構，建構認知的技巧重複法，走完程序，達到效果，大約需要使用三十分鐘。這樣建構之後就有認知的尺，對錯標準已在心中建立。

二~三歲，你長大了，當他把「我長大了」的訊息傳達給大腦，潛意識就會激出想做的能量。我會做，但我不一定願意做，人類本性是好逸惡勞，輕鬆和辛勞，如何作選擇，如果沒有其它因素，大多數人必然選擇輕鬆，但當我們給小孩正確的認知時，他就不會只貪圖安逸選擇輕鬆，而會考慮他要的榮譽感、成就感和別人的肯定，這就是人格價值觀。

上圖是1歲以上給小孩兩手撐著，讓小朋友兩手用力撐好之後大人開始站立走動玩遊戲

上圖是給小嬰兒握著手指做仰臥起坐

### ◆體能

首先，要做就需要動，就要體力，體力愈好的人做事自然比較輕鬆，而「事」是愈做愈會做，愈做愈有經驗，愈內行，對於「事」變得有信心，不逃避，對「做事」有興趣，如果培養到有興趣的階段，那就會主動找事做了。

0歲開始實施必要的訓練，從一歲的腦、一歲的身體開始推進。藉著訓練與要求創造他餓與累，玩得夠累、夠餓，相對嬰兒一定吃的好、睡的飽，長的好，身體自然健康。此項目是六大主題之一，延續後面強壯篇，須終身時實踐。

強壯——嬰兒運動項目：以下均須在安全護墊上（或床上）執行

(1) 手部單槓：以大人的手被當單槓訓練孩子雙手臂力。

(2) 仰臥起坐：嬰幼兒還無力做此動作時，大人可以單手扶撐協助。

(3) 坐飛機、升降、平衡：大人平躺屈膝，讓孩子平俯在大人小腿上，大人雙手扶接小孩雙手，運用腿上下左右移動。

(4) 抱起、斜：斜抱孩子像鳥飛一樣略有速度，讓孩子感受速度與移動。

(5) 一起爬走：在孩子旁一起爬走。

(6) 手拉、腳踢：大人用手拉孩子的手腳協助運動，稍大之後再讓他自己動作。

(7) 搖、左右搖擺

(8) 跳、彈性、彈跳：大人拉著孩子手開始練跳。

註：一起以遊戲設計要以使力的方式互動。從三個月起就可以不斷利用相處時間幫助手腳拉筋、手拉腳踢。一歲以後孩子只要有人與他玩、他一定超愛、就

是要引發他玩、最好玩到累，約十五分鐘次，一天數次。有目標培養體能讓身體強壯，一步步建構，一歲就會有自己的想法，如果沒有給他訓練的機會，到二十歲也還是媽寶一個。

### ◆激發責任感

你長大了，拿以前的他作比較，以前他還小需要別人的幫助，「現在兩歲了」，「已經兩歲了」。父母們講話時的語調要很明確，你就是長大了，跟小時候不一樣了，沒有疑問。之後常藉機會問他，長大了沒有，他自然而然會回答：「長大了」，接著就是將我們需要傳達給他的認知，或要訓練的事項重複直到他了解。

### ◆使命感

用耐心溫柔的語調讓小孩明白，當你幫忙家裡做了這件事，就幫助了媽媽，不用再花費心思力氣再做，媽媽也因此可以去做其它對於家有益的事情。然後媽媽要用很真誠的心態、話語對孩子說：「謝謝你」、「好棒唷！

寶寶你把腳訓練會走路囉」；「寶寶幫媽媽撿起地上的東西。」；「好棒喔！寶寶會幫家人做事了。」；「你的幫忙讓我輕鬆了好多喔」，話語間一定要配合喜怒哀樂各種誇張的表情，尋求他的認同與同情。並說明給他聽，媽媽因為你的幫忙，而有時間去做讓我們的家變的更好的事，像是賺錢啦、打掃啦，而我們家變得更乾淨、舒適、有錢，都是因為有你的幫忙。把他的行為背後的意義分析讓他了解，他是家的成員，他這樣做是對家做出貢獻，這個家需要大家為它而努力。不要有危害家的舉動，這是全家的責任。它的源點是做好自已，由每個人的行為管理而形成團隊的力量，做為父母們要能看出這點。

◆自信心

生活中嬰幼兒每個行為，執行每個家事，都具有團隊合作的意義，不論他是自發性的，或大人給予暗示後產生的行為，當孩子一有所行動，尤其二～三歲是好動與好奇心旺盛的時期，如果大人能夠在第一時間啟動「啦啦

隊」在一旁加油讚美，當他完成用好大的笑臉讚美他的行為，每個人的心理被讚美、認同時會更有意願繼續努力。積極行為是由於有「願意」去作為的想法。在孩子對自己的信心無形中增強，如果加上大人誘導，透過閉眼思考和大腦對話，那自信心增強的效果相乘。當自己對於學習把不會變會，就已經是一種很享受的喜悅，又有啦啦隊的鼓舞，這樣的模式引導在閱讀、學習其他的事物人文、地理、天象等等。由於樂於學習，與人互動較好，自然話題多，語言能力較佳，相對自信心強。

幼兒訓練，增強他願意追求的美譽的心理，像選擇當一個「好人」、「強壯的」、「勇敢的」等等正向行為。更重要的是，讓他深刻認知每一個行為後的內函。把他也訓練成為家庭工作者，等同培養領袖人才。

從表所示，幼兒零歲起都有可以培養具有每個項目，有了起點，接續的工作就是不斷增加成熟度。

表中所示都有其對立面（負）

| 正面：大人主動建構 | 負面：大人被動孩子隨性 |
| --- | --- |
| 好人 | 壞人 |
| 被喜歡 | 被討厭的 |
| 用講的 | 哭的、比的 |
| 我願意幫忙媽媽、家人、他人、有信仰 | 不願意去幫助別人、無信仰 |
| 家公事優先，為了家我願意 | 只有自我 |
| 強壯 | 體弱多病 |
| 人是靠頭腦會想 | 不用頭腦永遠是笨笨的 |
| 自信心 | 缺乏自信 |
| 危險認知、安全第一 | 不知危險 |
| 自己的事自己做 | 要媽媽做 |
| 頭腦與身體穩定發展 | 隨感性自由發展 |

起點：從認知中重複七次，創造知。

過程：知＋行＝開始進入習慣，行為七次等於習慣。

目標：美譽的追求與內化成為思想，健全人格發展。

以上圖示每個單項都與大腦有關，心智的能量與日漸增，在進入學齡後學習容易，責任感強，有正義感，勇敢。有別於時下到二十歲還是草莓族，不易掌控，不知責任，會逃避責任，我行我素等心智發展不成熟的孩子。

……所有正向的思考都可列入請訓練者自行加入……

# 4 幼兒訓練計劃，全民受益

這裡要特別強調的，訓練者的耐心與使命感，這個重任一般都落在媽媽身上，這也是一個女人在家庭中的角色重要的原因。嬰幼兒還很盧，會哭、會鬧，會耍賴、要清理大便、換尿布、洗澡、泡牛奶、會生病、不好好睡覺……幾乎佔據你所有時間，因為她不能好好逛街；優雅愜意的喝個下午茶；甚至搞得你無法好好睡個飽覺。當一個女人從女孩過度到媽媽時，必須犧牲這麼多原來自己生活高尚的品質，內心當然十分衝擊，無怪乎有那麼多產後憂鬱症。

我們不能責怪媽媽因育兒會有的情緒反彈，而這就是我們家庭教育法的重點。這時候耐心很重要，每一媽媽心裡一定要有強烈堅定的意志，教好孩子是當女人最重要的工作與使命，它的價值是所有的金錢物質都買不到，尤其對象是自己的孩子，我們希望他將來成材、人格健全、生活幸福，我們愛他，就是要犧牲自己幾年舒適安逸，辛苦一點都要耐著性子，深刻了解自已的角色和使命感，你的投資，用心的教導，花費的時間和精力，是在訓練他、協助他成長，成就他，也相對在幫助我們自己輕鬆的後半人生，更是為整個社會國家孕育一顆良質優秀的種子。如果每一媽媽都能這麼做，讓每一個良質優秀的種子日後開花結果，人才培育就有良性的循環，也為紛亂的國家社會注入一股新氣象。

最難教的是「想法」，本計劃最重要的是教「會想」，想自已為家，及家人供獻服務，再從「會想」教會「願意做」，並成為習慣。

思考與討論：

某次去拜訪友人，談及幼兒教育，請教他們夫妻的看法，朋友的太太他就說，他本身讀師範大學，畢業後一直從事教職，現已退休。他和一些退休老師一直在幫助一些弱勢家庭的小孩，尤其是新住民的孩子，他們更是弱勢中的弱勢。他們除了幫小朋友上課之外，也安排新住民媽媽上課，剛開始

時，這些媽媽的婆婆都反對他們的媳婦們去上課，經過漫長時間的溝通，不斷傳達媳婦會了就可以教孫子的概念。

經濟上弱勢養孩子已經不容易了，要用心去教孩子則更是緣木求魚。因此，如果能夠有「教」自已的孩子之法令，可以學習如何教自已孩子的方法，並且獲得一些補助，基於權利義務的平衡原則，即有補助就有其應盡的責任。

十年種樹，百年樹人，我們教育法怎樣教孩子，只要訓練，必然有所長進，所有學習的過程，必須有要求，是嚴肅的，立威是手段，當作朋友是情誼是尊重，從客觀的角度去協助我們的孩子，我們提出以立法構想，由社會共同參與討論，並靠社會政府一步一步推動。成效預估要二十年才能成熟，教育是國家人民長遠的質量建構，需靠政府與整個社會的合力推動，我們拋磚引玉期望台灣的社會家庭越來越和諧，競爭力提升。

# 第四章　服務別人，服務自己，造福人群

服務是學習與成長的利器，服務是手段，學習與成長才是目的。

## 1 服務的意願來自相互扶持的觀念

人類是一個群體的社會，很難獨立生存，人的生活中經常會接受別人的服務或協助，當有人提供協助時，我們應心懷感激，並在有機會提供服務時，不吝惜出手，服務是建構人與人之間良性互動的一個工具，願意提供服務的動力，必須在想法上有一些見解。

服務是培養熱情最佳的工具，常常為朋友提供建議，或提供助力，久而久之就被貼上標籤，他是古道熱腸，是雞婆人，有事找他準沒錯。願意提供已力，使生命具有積極的目的，再則有學習成長的意味，創造自己的價值，多交朋友。如果服務的對象是朋友，則會留下良好印象，並為自己儲存能量，以為日後不時之需，朋友多就是會活得快樂，往往婚姻的對象就是從朋友中產生，也不乏因此成為事業的夥伴。此外，如果自己有需要，則要錢有錢，要人有人，只要你一聲招呼，這些助力就源源而來，叫你不成功也難。

## 2 一歲就有機會對別人服務

家人是嬰兒從出生之後學習與人相處的基本對象，不是自已就是別人，從母親是「別人」的概念，要求孩子在與別人互動中該有尊重與禮貌。當孩子理解自己我與別人，角色定位就有了基礎，再慢慢建構公家的概念，慢慢理解家的地位。家是一個團隊，家中的成員就如同上述的情況，是相互依存，互相支援，家是要全員共同努力為它提供服務的單位，媽媽要把孩子正向的行為引向為家的建設性的作為，能夠被肯定參與家的生產，當一個小小孩被這樣的看待，他必然會樂此不疲，儼然已經是標準雞婆人了。

## 3 擁有好人緣從服務家人開始

當我們請求協助，別人沒有幫忙的義務，而是要以誠懇的態度，及友善的語言提出請求，並回以感謝的心，即使對方是媽媽也一樣，因為媽媽是「別人」不是自己。這樣的觀念與做法會讓小孩在日後的人際關係中獲得好人緣，因為他尊重任何人。

舉個周遭常見的事件，有個孩子十幾歲，媽媽每天都幫他裝好水壺，讓他帶去學校喝，數十年如一日。突然有一天幫他裝水稍微晚了一點，他接過水壺之後，很兇地對媽媽說：「我遲到都是你害的，這麼慢！」自己該做的事沒做，別人為他做，他視為理所當然，不但沒有感恩心還遷怒抱怨。學會感恩與服務他人的觀念做法，是本章節的重點。

◆媽媽的訓練方式

小明，可不可以幫媽媽拿？或可不可以幫媽媽做？……等等，把請求協助的訊息發出後，孩子不一定曾經做過，所以可能不會，但是請相信只要有機會教他，就可以學會。用主動創造機會的方式，一旦孩子答應了，那就可以進入準備用重複法：

(1) 建構認知，要做的事有那些技巧，有什麼注意事項。

(2) 示範，把流程從頭到完成全部示範一次。切記他才是要學習的主體，而你只是協助者。

(3) 投資時間和精神，換取他的成長，等於你將在未來會越來越輕鬆。

(4) 用重複法建構輸入大腦，操作技巧也要運用重複法，七次就熟悉會了。

## 4 從打招呼延伸出的雞婆服務他人

例如對家人的打招呼，西方有句諺語：「親暱則生侮慢之心」，往往我們最親的家人反而忽略彼此問候招呼。很多人出了社會進公司一看到老闆就「老闆早」、「老闆好」，早上起床看見養育自己三十年的父母卻不會問聲好，這是什麼原因呢？所以我們從小給孩子觀念，不是自己就是別人，要求打招呼，並發自內心想問候別人的心態，和顏悅色用溫柔的語調，讓聽的人也感受你問候的溫暖。這個部分家裡的成員應彼此互相這樣作，讓小孩在充滿喜悅的氣氛下，感受家人的溫暖、溫馨。

媽媽也可玩扮演遊戲，裝作阿公，阿嬤或隔壁鄰居某人，以生動誇張的表情，跟孩子玩打招呼的遊戲，這樣的孩子一旦真正在外面遇到親友，會很自然的與人打招呼，給人一種很親切，有禮貌的印象。因而被外人讚賞、喜歡，這種感覺是每個小孩都想要。當自己的行為受到肯定，更激勵他往後繼

續這樣的行為，也印證我們平時用扮演方式教導的成效。

當孩子容易與人互動，讓人感受親切，受人歡迎，自然樂意服務他人。人生因為態度和習慣而影響命運，當他感受到幫助別人，別人充滿感謝的心意時，就在那一刻，激發他人性善的一面，也激發「我願意」的想法，為往後的發展提供了方向，他對生命就有使命感，造福人群的人生意義有了很好的基礎。從小有訓練師導引正向價值觀並結合行為，而建構成為常態行為，讓這些行為變成習慣，一歲是一輩子起點，服務別人也服務自已，家是必須服務的主體。當他將服務別人內化成習慣後，無論在人生哪個階段，他都是受人歡迎和感謝的人。

# 第五章　運動強身——訓練身體如叩鐘，越敲越響越健康

強壯的身體來自，落實終身不間斷執行運動！

筆者從小訓練四個女兒，三歲開始引導他們運動強身的觀念，並親自帶著他們跑步運動，大女兒讀體專第一名（陳水扁獎）畢業，現四十多歲還是保持運動的習慣。身體健康強壯是千金難買，然而這不需要花錢，只要我們將觀念灌輸給小孩帶著他做，當運動強身變成他的習慣後，我們賺到的不只是健康，想想那些失去健康所花費的醫療費用、陪病照顧、身心理的痛苦都令人喘不過氣。這也是本書語重心長，要大家從小重視身強體壯的根本因素。

## 1 健康習慣——一個行動勝過一百個計劃

頭腦強，計劃強，如果身體不好無力去執行，那也是等同零。有一位軍事家曾經說過這麼一句話：「一個行動勝過一百個計劃」。行動是要身體去實踐，而身體是生命最重要的元素。所有醫學不斷研發的目的，就是為人類的身體做有效健康的延續。有健康的身體，才能享受生命賦予的美好，人生才更顯得有意義。想要有健康的身體，當然運動是不可或缺的。

就如馬雲說的，如果想要成為世界拳王，你不可能不早起，不可能不努力。不斷的訓練，在努力之後，你才可能成為頂尖。同理，訓練的一方，你的指導對象只有一人，用點智慧很容易找出方法誘導，玩出很好的運動習慣。

要身體健康強壯一定要先向頭腦推銷強壯有什麼好處，要怎樣才可以變強壯？你要不要？筆者在培養小孩養成運動習慣這件事上，真得煞費苦心，每一個小孩都有貪逸惡勞的惰性，只想舒舒服服躺著，或輕輕鬆鬆的坐著，看電視打電動，好好享受假期或休息的時間，為什麼要那麼累？如何策動讓孩子身體動起來抗懶惰，說服小孩，接受並願意花體力去運動，就得靠智慧了。首先當然先建立認知，再來制定可以持續推動的獎勵辦法。

我的方式很簡單，當然建構認知是前提，耐心陪著玩是手段，運動賺零用錢是誘因，痠痛流汗是過程，健康強壯是目的。

# 2 玩出健康——運動從遊戲開始訓練

遊戲是親子交往的良好方式，親子遊戲可以有效地滿足嬰幼兒的各種需要。父母陪著與孩子遊戲時，通過語言、手勢、表情、動作等，進行面對面近距離的交流。遊戲間傳達給孩子的是愛和珍視，嬰幼兒通過這種遊戲形成與父母間的信任與依戀關係，進而產生對父母和家庭的安全感與歸屬感。兒童成長是靠父母雙手奠定的。家庭教育和父母陪伴對0到三歲嬰幼兒身心健康尤為重要，耐心等待他慢慢長大，溫柔而且堅持。

當它們還是嬰兒的時候，我就主導在床上翻動伸展他們的肢體，會爬時陪著在地上爬，嬰幼兒你一逗弄他，他便玩得不可開交，玩累之後，吃的多、睡得好，長的好。大一點會跑、會跳了，陪著玩遊戲，僵屍跳、坐飛機……玩到他累，玩到他流汗，從玩當中讓他知道流汗，酸痛是好玩和健康必要的過程，我們要強壯一定要動，強烈積極推銷，建構認知，激發成為願意追求的目標。

## 3 犯錯罰運動

小孩偶爾犯錯時，運動項目也可當執行處罰的工具，以輕鬆的態度告知犯錯不可恥，知錯，認錯是勇氣，願意改過才是重要的態度，每次犯錯必須依照家裡訂的規矩處罰，罰他去運動，例如：立定跳三十下，仰臥起坐一百下或四百公尺跑步，或伏地挺身等等。除了玩和室外的運動之外，生活中關於增進整個家的清潔舒適的工作，都能列入動的範圍。趁讀書久坐時活動筋骨，動手做一下家事……等等。

# 4 從運動中鍛鍊勤勞不怕吃苦的韌性

強壯的孩子，他的自信心一定比較強，勇氣也同樣較好，人身體強壯是所有一切之本，沒有它就也同樣幾乎沒有了快樂，沒有幸福。找事給小朋友動，要他幫忙做事或用遊戲去引導玩到流汗，不要在意衣服褲髒了，你在意的是他的健康，因為不怕酸痛，也就是不怕吃苦，願意在有意義的前題去做事，那麼這樣的孩子基本上是勤快的。身體要設法一天一天的變更強壯，於是需要動，而運動達到某個程度，自然就會流汗。推銷強壯，讓他了解了，樂意的去「流汗」，他知道為什麼流汗、為什麼痠痛、為什麼累，有清楚的目標。

以孫子的實例說明，某次和孫子一同跑步，連續運動之後我們都產生肌肉酸痛，我告訴孫子說，要想變強壯，就一定要有酸痛的過程，有了酸痛就等於你一直在變強壯。經過的解說之後，我就提議說，那現在我們改成快步走，讓腳能夠酸痛，然後我們有更強壯的大腿好嗎？於是我們快步走了約十五分鐘。

# 5 二歲帶他運動，年齡不是問題！

從健康的角度來看，目前兒童醫院裡面有非常多的兒童癌症患者，失去健康的兒童哪來學習的動力與成長的喜悅。其實只要從母親懷孕開始注意，出生之後，再藉著父母親的協助，嬰幼兒在體能上就能建立較好的基礎。大家都知道，體能愈好，抵抗疾病的能力就會愈好，我的孫女因為從小就陪她玩，到公園跑步、吊單槓，所以她在跑步跟手抓單槓的握力非常的強。又從小就訓練她游泳，因此在就讀國小代表班上參加游泳比賽得到獎品；還參加跑步比賽，破了學校的記錄，得到全北市比賽的第三名。得獎並不重要，重要的是希望她能夠得到健康，這點看來是沒問題。

孫女四歲前住花蓮，我有機會訓練，訓練方式就如書中所講。四歲後她就遷居台北，就讀台北士東國小，從她三歲時和家人照的團體照中，可以看出她充滿自信的表情和動

作。

小孩在體格的訓練也只需父母用心調教到五歲，之後他會自己鞭策自己，持續發展，本主題是終身必須落實，不間斷執行。懶散安逸是它的對立面，就如拔河比賽，沒有壓制就會被對方壓制。系統愈發達，代表精益求精，層次愈高。我自已的氣功有五十年的功力，都靠累積不斷練習而來的，天下沒有不勞而獲的成功，投機取巧也只是一時的成效。

一天二十四小時玩或運動如何安排使用，先建構利弊認知

◆時間如何使用

西方哲學說上帝是公平，每一個人都有二十四小時。如何善用每天的二十四小時就成為了成敗的關鍵。作者從十三歲立志以來，每天的時間的運用，以推動學習和執行運動為主幹，現今的孩子每天用在電腦、手機節時間很長，長時間讓身體停滯侷限在一個空間內，身體自然要出毛病，顯然的目前很多文明病都是因為過度使用這些科技產品所造成。這也是我們將「強

壯」規劃在六大主軸中的目的。

| 正 | 負 |
| --- | --- |
| 不易生病 | 容易生病 |
| 戰勝細菌 | 壞菌戰勝 |
| 系統發達 | 系統沒有被開發 |
| 勤勞（不怕吃苦，不怕疲勞） | 喜歡偷懶 |
| 懂得利用時間，用於建設性 | 絕不吃苦，逃避吃苦 |
| 願意吃苦 | 更不吃虧 |
| 疾病遠離身 | 病菌抵抗力較差，活動力平常 |
| 較有自信 | 自信不足 |
| 勇氣較佳 | 勇氣不足 |

# 第六章安全最優先——危機的憂患意識

講一百次了小孩只聽在耳裡，從不放在心上。差別在，他沒有經過我們的重複七次建構法，根深蒂固變成他的認知危險的能力！

# 1 安全最優先，此身難得一失不再

所有的父母都會為自已孩子的安全擔憂，深怕孩子一離開自已的視線，就不安全了，學走路的年齡，怕他跌倒受傷；會走會跑開始擔心發生意外；如果媬姆照顧，那就更是層層保護，就怕受傷了無法交代，更要負責而被追究。因此，孩子在成長階段，很多學習機會就都因為大人的怕，大人的擔憂，而被限制，以安全為理由，小孩開始了像寵物一樣的被養著。

我們都知道，運動是促進成長和發育最好的方法和方式。一旦因為安全理由而限制了運動的機會，就本末倒置了，運動少了，營養吸收一定少，睡眠品質也較不好，日子久了，體格的的發育自然會較弱。顧此失彼，魚與熊掌無法兼得。

如果父母能夠認知：一點傷對孩子只是短暫的皮肉疼痛，而不構成身體嚴重傷害的前提下，讓孩子也可以從跌倒或在錯誤中學習與成長，而有更多的經驗累積。我們鼓勵運動，鼓勵學習，從這樣的態度出發，願意以一點風險而換取更多的成長經驗，這樣的交換絕對是值得的。從你願意放手的這一刻起，就教育孩子認識危險，培養規避危險的觀念，教他當眼睛看到危險物時，大腦要及時指揮，採取防衛，訓練觀察的敏感度，進而達到不被傷害的保護措施。從觀察而得知危險在那裡，那裡是安全的，利用環境，以速度快慢的運用取得最佳位置，提高安全度，降低意外風險。

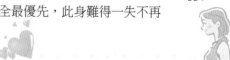

## 2 看見危險的重要

常常看賽車的朋友就知道，賽車手往往為了搶有利的位置，一定需速度配合技術與膽識，快、慢、是取得有利位置和確認安全的手段。例如在使用道路時，右邊就是你的位置，你的左邊是別人的，不要去侵犯別人路權，依據這樣，右轉小轉，左轉大轉，在轉彎之後一樣保持在道路右邊，安全位置。過鐵路平交道有「停看聽」，確認後「快」速通過。停留在危險地帶的時間長，發生危險的機率就增加。每年都有層出不窮的意外，因為缺乏對危險的認知而產生的悲劇，只要暑假就會發生學童弱水事件；老年人早起運動，在過馬路被車撞；在自家車庫倒車把幼兒碾死；停車馬上打開車門造成隨後而到的機車摔倒，或甚又遭隨後而來的車撞上⋯⋯。很多事故與其說是意外，不如說自已不夠注意，然而這些意外危險都是可以避免的。以對抗危險的積極態度，把危機意識轉變成為行動，危險在那裏，可能發生危險的因素有那些，要如何避免，這些思考是平常自我訓練和學習，在生活中最容易發生的是交通危險，而交通是每人每天都須面對的，要學習避免事故的發生就有其必要性。

另外把自已置於高度危險的環境，像飆車，為了好玩，一時私慾的爽快，卻完全沒有責任的行為。保護自已避免發生意外，這是家人對「家」的義務，假設使自已沒有保護好、受傷了，傷害的不僅是自己而是整個「家」。

一歲之後，只要有玩就有一定的風險，要玩就一定要注意安全，注意安全是一個責任也是義務，身體髮膚受之父母不可毀傷，保護自已避免受傷就是責任。

## 3 安全駕駛是學習開車第一步，也是最重要的練習

新聞事例：一位婦人陪著女兒去考試，在陪考過程中，坐在超商店內喝咖啡、滑手機，等著要接女兒回家。結果，一輛汽車突然衝進來，當場被車撞後身亡。

另一個案例是：有一婦人為了搶停車位，在倒車時要剎車卻誤採油門，導致車子失控而造成意外的死亡事件。

有一位七旬的老翁開車到了路口時，前方車輛因紅燈而停止，這長位者卻在此刻誤踩油門，車子立刻往前爆衝，把前方的機車撞倒並拖行了十多公尺，還好只是受了傷。

以上這些新聞讓我想起，以前教自己四個孩子和孫子學習開車的經過。在準備學習開車前一定要先做一個基本動作的練習，那就是要先訓練右腳，右腳放在油門的位置，模擬開車的時候腳踩在油門，當紅燈準備停車時，腳開始離開油門輕踩煞車，讓車子緩緩地減速準備停車，丟油門踩剎車，回

油門，加速，丟，踩剎車……一直重複練習。加速！再加速，模擬車子進入高速，速度快慢與安全位置有相對的關係，突然有緊急狀況，要採取緊急剎車，這時不但油門要丟的快還要重踩剎車，要一腳踩到底，第一時間要立即反應，就這樣不斷練習到通過我的測驗為止。此時，他的眼睛和大腦已經和腳都能密切配合，形成潛意識的反應。

◆為什麼

多一分準備，多一分安全，就是因為用車、用路在交通的過程有很多不可控性的因素，把剎車能力提升就是輸入可控因素，把不可控性變成可控性，由於這樣訓練之後，孩子們開車已經完全可以放心，在別人眼中都羨慕他們的駕駛技術，轉彎前要減速，進入車道要加速，安全位置，確認後快速進入屬於自己的路權位置，如此可達到安全到達的行車目的。

◆車禍意外最不值得

我要開車，只要坐上駕駛座我就要求自己：現在要進入交通戰爭，要在行車過程中慎重處理，務必要安全到達，在第一則的事故裡，因為一個人的不當操作，造成二個家庭的悲劇，可以避免發生而未能防範，真的很不值得，安全是我們六桶水的一個要項，本書一再強調保護自己，不要成為家的負擔，是每一個家人共同的責任。

要安全必須從自身開始，從右是行駛道路上的家，當有必要經由變換車道轉彎等因素時，此時是處於較危險的地帶，所以必須利用速度盡速脫離，以便進入安全區域，這有如打籃球，要爭取有利的進攻位置，運用速度，找出最佳切入路線，開車也是路權在那一方，違反路權很容易發生車禍，而且還要負責賠償對方。

訓練孩子也是從小開始，小朋友在騎的三輪車開始培養用車安全觀念。

從行車的安全觀念結合家人的自我保護要求，會促使日後為自己安全把關，爸爸會這些知識自我要求，並訓練媽媽家人在用車的一些安全技術，看

看別人想想自己，如果沒有控制能力而使用車輛是件危險的事，傷人也傷己，因此，做為一家的男人是該在這方面多多用心。

## 4 深植安全觀念

我們常聽到在遊樂場所，父母高分貝喊小孩：「小心哪～小心哪～」，「講妳不聽只顧著玩，跌倒受傷了……」一樣是叮囑小孩小心，一般父母給小孩的感覺是「又嘮叨了」，「講一百次了」，講一百次了小孩只聽在耳裡，從不放在心上。差別在，他沒有經過我們的重複七次建構法，根深蒂固變成他的認知危險的能力！從大腦的教育篇中我們知道，要求是嚴肅的「一定要」，答案不一定由孩子回答，只是藉著要求而建構認知，遇到情況得要求安全的指令，大腦一定要以安全為訴求，要求眼睛，耳朵、手、腳，在操作上達到安全目標。

例如：「玩耍，要注意什麼？」這是提出要求。目的是要引導安全訴求，用自問自答，再重新向孩子提問：「要不要安全」答：「要！」。接著問：「要注意那裡或要注意什麼？」如果孩子的年齡小理解力還不夠，則可以運用黑白臉方式告訴他，要注意安全。安全是要深深的建構在他的認知

上，反過來講，他可以玩，他可以運動，他可以遊戲，他可以活動，但在所有過程中，要注意什麼？「注意安全」，再說一次，要注意什麼？「注意安全」。

任何時候，只要是活動，玩耍，在開始前一定很嚴肅的問，要注意什麼？「注意安全」。有了大腦這樣的明確的要求，再傳達那裡是危險的重點或關鍵，例如，溜滑梯時，站在最高點，要用坐的；又盪鞦韆時，一定手捉穩，避開別人在盪的路徑，以免被碰撞。不是嘮叨告誡，而是讓孩子學會要求自已注意，不要進入危險的區域。小孩有了這樣的警惕心時，當他的玩伴一旦有進入危險範圍，他也會告誡，提出警告而得以避免發生意外。

## 5 全方位注意安全

室外活動有室外的危險點，室內居家有居家應該注意的。生活中的事件，都是訓練者隨時教導孩子的的題材，因此，施教者的態度是像拿著教鞭的老師，要把教導的角色積極的扮演，不但言教還要身體力行，讓孩子也感受安全的重要。

被油燙傷、窗簾意外、陽台、車庫、瓦斯熱水器、桌椅、四個角、碰撞頭部、電梯門開了踩空……生活上每個細節都須注意，生活中的危險太多了，我們無法隨時隨地跟在小孩旁邊，只有教會他認知危險，讓他自已有產生防衛的能力，眼睛要看，要看該注意那裡，要從危機意識中，培養觀察能力，進而要求自已注意。才是一勞永逸的方法，當小孩根深蒂固時，他會比一般人對危險更敏感，這也是這個章節的目的。

# 第七章　勇敢——

## 被激發與被要求出來的勇氣

勇氣是要使自己敢於面對，進而勇於擔負責任，人性的弱點就是怕……怕多了，人就不敢承擔，沒有擔當就會逃避，就沒有行動，自然就不會成功。

## 1 勇氣與韌性的培養

坦然面對恐懼，就會讓你建立自信與勇氣，世上最秘而不宣的秘密是戰勝恐懼，隨後迎來的是安全與自信，哪怕克服的是小小的恐懼，也會增強你對創造生活能力的信心。如果一味想避開恐懼，它們會像瘋狗一樣，對我們窮追不捨。面對困難，真正的強者是可以屢敗屢戰的人，困難對於腦力運動者來說，不過是一場場艱辛的比賽，真正的運動者總是盼望比賽。如果把困難看作對自已的阻力，就很難在生活中找到動力，如果學會了把握困難帶來機會，一輩子都能輕鬆面對人生任何階段的挑戰。

**勇氣哪裡來？被激發出來的，被要求而來的。**

我們常見小孩因為一點跌倒、或傷害、或面對小昆蟲時，就哭泣、退卻畏縮、或尋求大人的協助，這證明平時他只在大人呵護下成長，大人從沒讓他自己學習去面對問題。我們建構的認知是，說服他有能力獨自去面對，例

如當他在家中發現一隻蟑螂，還沒來得及害怕或討厭時，媽媽就給他觀念，蟑螂是外來的入侵者，而且會污染食物，造成家庭衛生出問題，必須給予消滅，不能手軟，手拿武器（拖鞋，蒼蠅拍）啪！一巴掌打下去，為了保護家人，為了保護這個家，每個人都有這個責任、都有使命感，狠是必要之務。於是解除了他的害怕，建立他的勇敢，此行為是必要之務。

而肯定讚賞、鼓勵、獎勵、公開表揚，這些都是讓責任更穩固的滋潤養分，讓孩子的使命感，榮譽心，進取心等心理素質更強化。要永遠向著正面，在對著蟑螂打下去那剎哪，心裡是要有勇氣的，心中有決定了，知道要怎麼做，請問誰家沒有蟑螂，或其他小動物，外侵者，這雖只是一件很平常的事，但它卻可以拿來當教材，這就是有藍圖，規劃好，等待機會，一旦機會來了就要把握。

## 2 面對犯錯的勇氣

當小孩犯錯時，常會因害怕處罰而隱瞞大人，甚至因此說謊，根究其原因就是，沒有認錯與面對懲罰的勇氣。每個家庭都須要先建立家規制度，等於先宣告如果你犯錯會有什麼處罰，如果你不面對，或隱瞞說謊，後果又該如何處置。當孩子犯錯時，先清楚的將平日建構的認知，重複讓他知道，接著就要對他心理建設，接受處罰不痛，因為你有認錯的勇氣，這一點值得鼓勵讚賞，但如果你沒有勇氣面對懲罰，心裡會藏著害怕被大人知道的膽小鬼，那就糟了，他會讓你變成膽小鬼，時時刻刻提心吊膽。引導並教育孩子，只有跟家人一起面對問題，才能徹底解決問題，行為想法必須光明磊落，對於家人沒有隱藏。這樣一來，日後我們也不需擔心小孩在外面的行為。

## 3 承擔處罰的勇敢

我們處罰的方式是，先從心理建設到執行，最後做出結論，你好勇敢！在過程中教導孩子，先以自我告知大腦，以用力、堅定的口吻對自己說：「不會痛」，並在心中充分準備接受處罰，是打手還是打腳，都可以，這是要孩子接受挑戰，並且證明他可以做到，在打下來的第一時間，打到時同時強烈的在心中高喊（沒有出聲）不會痛，大人讚賞並給予心理建設：「你好勇敢！有勇氣面對自己犯錯的懲罰，」接著一樣不可心軟繼續執法，一樣要用力打，「來，再來一次」啪！「好棒，不會痛對吧！」他心理的勇氣戰勝了身體的皮肉短暫的痛，有經過這樣的訓練之後，吃苦和耐勞的承受能力絕對不同。當然訓練者在處罰時一定要考慮，打的位置，打的力道，不能讓孩子覺得太輕，那樣懲罰失去意義，只能痛在皮肉不能傷。

我有個實例，一對姊妹，其中妹妹受過訓練，姊姊未受訓練，在長大遇事時內心的強度韌性完全不同，他們的母親對於妹妹相當放心和信任。這是說明在把握時機，該有作為就要施展，有作為就能成就效果。

心裡先武裝（心理建設，準備接受挑戰）

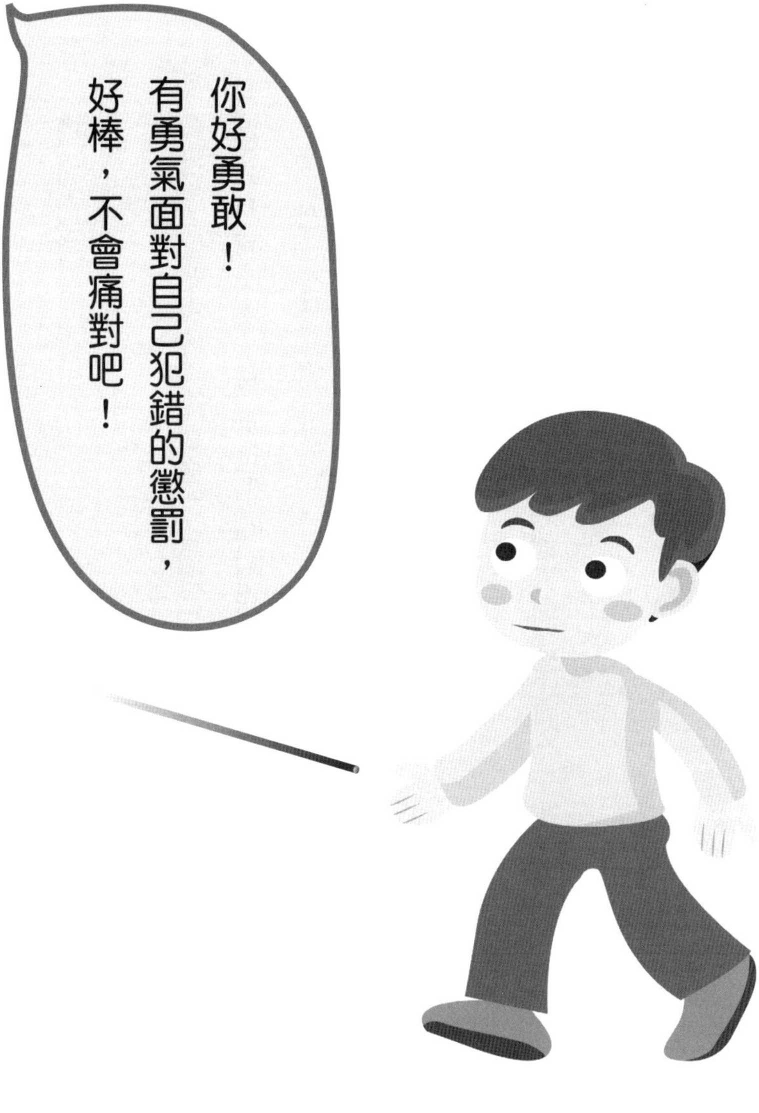
你好勇敢！
有勇氣面對自己犯錯的懲罰，
好棒，不會痛對吧！

## 4 體罰的適當性

內政部家庭暴力防治委員會之宣導手冊中有段文字提及關於體罰的適當性。不當武力的使用，教養孩子的錯誤觀念「不打不成器？」「棒下出孝子」，「我就是這樣被打大的」，「打他、罵他都是為了他好」，「不打、不罵他怎麼會記住」，這樣的觀念從以前到現在代代相傳，形成了體罰的管教方式。透過現代的行為科學研究，我們發現打罵體罰的教育方式，並不是唯一且最有效的管道，而且很容易因處理不當，造成孩子身體與心理上不能磨滅傷害，也可能讓孩子在面對與他人溝通不良時，誤以為動手是解決問題的好方法，形成孩子暴力及誤觸法網的根源。

用體罰，罰犯錯的小朋友，基本上這是錯誤的、它含有權威、和對立、尤其父母、大人擁有絕對的優勢、和強大的武力，如果不當的對付孩子，例如：父母自已情緒性的生氣，或因小孩的行為，或是大人自已其他的事，心裡本來就裝著負面情緒，此時，如果小朋友的行為有令大人不悅，那小朋

友必然要遭殃。「打」，是體罰的一種，除此之外還有罰站、罰跑步、罰掃地、罰抄書、罰錢，或「罵」等等。

很多人都反對體罰，作者卻不這麼認為，作者認為這就是「適當體罰孩子」和「不適當體罰孩子」的差別。作者的方法不但沒有造成心理傷害，反而是增強孩子內心勇氣的韌性強度，因各個孩子如今都事業有成家庭幸福。

舉例，當孩子跌倒時，直覺反應就是哭，很多父母在扶起小孩後的第一個反應是，責怪地板路面害寶貝跌倒，幫著孩子出氣說：「媽媽打地板」、「地板壞壞」……這個行為給孩子的觀念是：錯誤危險都是別人造成，完全忽略自己沒有危機意識的因素。這樣的孩子長大當然隨時處在危險中，而且不會檢討自己的錯誤，更嚴重是一點勇敢韌性的心都沒有。

反觀若媽媽、老師當下就用平常灌輸給孩子的勇敢、不痛的觀念，要學會勇敢不會哭，才是好孩子。同時將危機、注意安全的觀念再深入孩子腦中，小孩不哭得到鼓勵讚美，又思考檢討是自己不小心，兩重正向思考，久而久之孩子的勇氣與韌性勢必與日俱增。

勇氣是要使自已敢於面對，進而勇於擔負責任，人性的弱點就是怕不會，怕犯錯，怕做不好，怕做太多，怕吃虧，怕多了，人就會不敢承擔，沒有擔當就會逃避，就沒有行動，自然就不會成功。所以，小時候如果沒有建構強大的內心，長大之後，面對日新月異的環境當然會更辛苦。現在你如果也認同，勇氣訓練很重要，那就幫助你的小朋友，在他五歲前接受訓練，當他有了勇氣與韌性，就會深深的影響往後的學習和成果，這是古人說的差之毫厘而失之千里。

# 第八章 「大家都知道」——建構「知」的概念

建構「知」的概念——「大家都知道 我怎能置身事外」，一項一項推進孩子的大腦裡，再結合「行」的實施，徹底教會孩子。

「大家都知道」是一個概念，要讓小孩懂得我們想教他的事，運用這是「別人都會，你也該會，你不能落後」的比較力量給他鞭策，激勵他也願意去學會，或願意去做。達到我們訓練他的目的。

這是我教的一個小孩自我認知與要求：

「我對阿姨說：早，對鄰居阿伯說：你好！那是告訴他們，我是好人，我們家是友善的，我們家是家教很好，我的行為舉止都是在宣揚我們家的品質，我們是你們的好鄰居。」

如果五歲之前就可能建構「大家都知道」的這些內容，一個幼兒，你用重複的方式，你說他聽，聽了之後再由他說，說了再去說給大腦聽，然後再由你問他說了沒？說什麼？再說一遍作為確認。經過這樣的程序，方法已經很明確的把認知建構完成，形成了你和他的共識，也形成了規矩，也有了行為的標準，也有了對錯的衡量，如此，建構「知」一項一項推進，再結合「行」的實施。

我們都知道一個人的習慣是很難改的。如果你用上述的方式除了建構認知，另外，還培養了他傾聽，冷靜用腦，並歸納且說了出來，在社會上所有高階的工作都是屬於腦力的工作，你的訓練也就是在培養一位未來有前途的人才，因為他習慣用頭腦，面對問題能夠思考，這些都在「家」裡發生，都在五歲前已經形成習慣。

不是會想而已，而是從小就有中心思想，「家」是生活重心，幫媽媽的忙就是幫忙「家」，因為有你的幫忙，「媽媽」就可以再多做一些其他的事。可以把我們的家多做一些事。你健康了「家」就更健康了，你安全了，「家」就沒有意外，沒有困擾，沒有傷害，你我都必須為「家」而顧好自已。

以下是我教育孩子建構的認知與價值觀，提供給所有願意教育好孩子的媽媽。願意經營美滿家庭的朋友，一起探究參考。

# 1 給孩子的觀念：

(1)、成為怎樣的人

| | |
|---|---|
| 我是好人。 | 我是壞人。 |
| 我會用說的。 | 我愛哭，用比的。 |
| 我會用頭腦想，我講理。 | 耍賴。 |
| 我有責任，自己的事自己做。 | 找媽媽、叫媽媽。 |
| 我不愛哭因為我是勇敢的。 | 我是膽小鬼。 |
| 我會問候人。 | 我的嘴巴不見了。 |
| 我喜歡幫忙別人。 | 自私自利不管別人。 |
| 我愛好運動。 | 我偷懶。 |
| 我尊重別人。 | 我只顧自己的感覺。 |
| 我熱忱、積極、友善。 | 我冷漠、偷懶。 |
| 我努力學習，本來不會，學了就變會。 | |
| 我有自信。會開口表達。 | |

(2)、要有怎樣的家

媽媽最喜歡乾淨，媽媽不喜歡垃圾亂丟。

幫忙整理家裡，維持整潔是我的責任。

家裡溫馨歡樂充滿笑聲。

(3)、要有怎樣的身體

我是強壯的每天都要運動

我要有幸福，要健康，所以天天流汗運動

我要強壯不挑食。

我要有平安的身體，隨時注意安全，避開危險。

(4)、勇氣

我不愛哭，因為我是勇敢的。

我不怕痛因為我是勇敢。

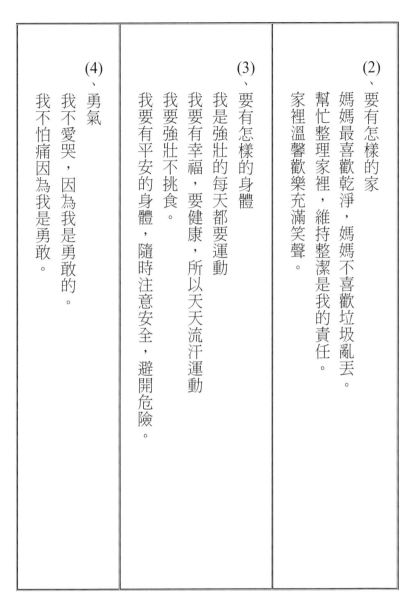

跌倒、自己爬起來沒有哭…勇敢！

我不會被輕易打敗的，越挫越勇，驗證台語：「打斷手骨顛倒勇」。

認錯是勇敢的表現。為了追求知識學問，要學就要問，阿嬤常說路長在嘴上。不知道，問就知道了。

對問題、不逃避問題，必須用勇氣告訴自己、面對它、解決它！

(5)、生活習慣

每樣東西都有主人，有借有還，再借不難，東西用了要放回去。

玩具都有家 不收拾玩具就當垃圾。

自己的事自己做。

(6)、中心思想

不計較，告訴自已要有氣度不必在意。

幫助別人是件快樂的事。

生氣是要付出代價，報復也會付出代價。

良好的人緣很重要。

我要成長不斷學習。

人們喜歡批評、抱怨和責備他人。

能力是靠培養學習而獲得。

意志力要！我要！我一定要！納喊=>意志力。

我有品格。

## 2 給媽媽的觀念：

國家未來的希望就是要有好的媽媽老師，作為一個媽媽或訓練者除了基本的愛心和耐心，我們也提供了一些關鍵的中心思想，作為訓練參考的依據。

媽媽老師應該具備技能，欣賞、讚美、耐心、使命感、演技，必要之惡、嚴格、被依賴、被信任、同情心、家、家人、別人，故事收集備用練講，為播放內容準備，課程規劃，成果檢驗，需要培養的項目，所謂培養就是要達到習慣，內化，重播再重播，媽媽播出就由小朋友播，播放和演出，做到習慣的七次（重複七次是成為習慣的慣性）孩子的成長是不會等待，現在不做將來一定後悔，雖然你不教孩子一樣長大，但是心理狀態，想法，價值觀，品德，人格等等，都會有不一樣的發展。

我們提供基本訓練的方向，當然讀者有更精闢的方法也歡迎納入：

1.五歲前就把腦袋裝滿了正向的東西。沒有空間可容納負向價值觀，沒有負向思想就不會產生負面行為。是非觀念是很重要，五歲前就將對錯分辨，正向、負向。

2.有要求才會進步、被要求做到應予鼓勵。要求與鼓勵是學習的動力，讓孩子勇氣與自信從此萌芽。

3.語言是人生有利的工具，重複法訓練孩子開口並與人溝通。勇敢、自信是語言培養訓練出來的，用來對抗恐懼、擔憂、煩惱。

4.良好習慣是培養出來角色認知、清楚定位很重要。

5.品格很重要，尊重很重要，這是人際關係的基礎。

6.服務別人會讓自我價值提升，人際關係更好，對治人生好逸惡勞、自私自利。

7.人最重要的是大腦、想法、做法、結果的邏輯。系統是越用越靈敏，腦、耳、眼、嘴舌、手、腳。

8.自已的事自已做，承當責任、願意負責、主動爭取。

9.東西都有主人為物歸原主，要讓小朋友建構所有權的概念。指導小朋友不要隨意拿不是自己的東西，或借用的東西要物歸原主的正確概念。

10.愛家，一個能為家共同為家盡心盡力的孩子，一輩子我們都不需為他操心。

社會安定，發展的根源是人，而人的素質，體質，都需用心有計劃的培養，而且長期經營投資的。前面所舉例的項目，如果能夠把一、服務。二、家。三、強壯。四、勇敢。五、危機。六、好人。六大主要項目陸續在五歲前從建構認知，內化成為他的思想，以隨時製造機會，創造環境等手段，培養成習慣。在幼稚園時期就可看出，他是一個腦筋靈活，思考敏銳、理解力、邏輯、專注、積極、學習意願高的孩子，這代表他日後不管在人生什麼階段，都能輕鬆游刃有餘勝任學業、工作與婚姻家庭。

# 第三篇　五歲定終身的能力培養法

我們設計的六大主軸，並不是人言亦云的口頭禪，而是經過三四十年經驗累積得出的心得，每一個主題都有其在教養上的必要性，其效益並非侷限在每一個單項，這六個主題環環相扣，所延伸出來的是相乘的效益，請有心教育好下一代的朋友，真真切切體會、運用、訓練、只要您肯投資下五年的的辛苦，未來小孩的成就絕不辜負您所花的時間精力。

## 1 人格與品德在日常生活中養成

阿公昨天答應帶二個孫子及帶小狗明天去南濱公園做到了沒有？二個孫子應答做到了。我立即發問：「當你們答應人家的事，要不要努力做到」：答：「要」。立即反問，要什麼「要努力做到」，誠信，也是責任，一旦承諾，就要要求自己做到。日後，有很多事情都會在這樣的原則下進行，也會形成孩子的價值觀。

父母的言行是否一致，絕對影響孩子的行為。

現代很多父母教養孩子的方式，讓人不敢苟同，父母將孩子的食衣住行通通打點好，家裡什麼事都沒讓孩子幫忙，只要求孩子讀書，不幸的是這樣的孩子有多數連書都讀不好。須不斷的督促孩子「該讀書了」，「不要再玩遊戲了」……一邊嘮叨，一邊收拾孩子使用過玩具、書桌、餐桌、床鋪。然而造成這樣結果的正是父母。

我們教育孩子，從小就對自己的行為負責，自己的事自己做，這是基本

定義。

從我選擇當好人開始，我長大了，自己的事自己做，到一歲就能服務別人，我愛家我幫媽媽的忙，延伸到漸漸長大，熱誠投入服務在生活周遭的環境，變成孩子的思想價值觀。

這個基本認知就要灌輸在腦中，以呼口號的型態，媽媽要常常發問，一問一答，好棒，記住了，不可忘記。當孩子承諾了，我們便要求後續的誠信與執行出來的責任，每一個步驟都是環環相扣，而所有的訓練都圍繞著六大主題，孩子所有良好的能力與習慣也從六大主題的訓練而來。

教孩子就是要有耐心，諄諄教悔，一直把觀念建立起來，以觀念思想為基礎再運用在生活中，例如玩具玩好要不要收，誰收？媽媽收，還是你收，長大了，自己的事自己做，有了行動的原因理由，接下來就是如何做，要他動腦，以謀定而動的行動方針，確認後，媽媽可以借此發問，引發討論，了解他的想法並提供建議，此時的主從關係中孩子是主角，媽媽是協助者，定位能力的培養是關係人我互動，人緣好壞影響受歡迎與否。

## 2 愛的激勵——自我肯定，為任務與榮譽努力

筆者有位好友，某天談及幼兒訓練的話題，於是提及自已童年，因為家裡務農經濟條件也不好，無法像其他小朋友一樣讀幼稚園。因此在就讀國小時，注音符號看不懂，連自已名字也不會寫，從小一開始，每年都是班上排名最後一、二名。但是在國小三年級時遇到一位老師，從此，他開始要求自已，上課要注意聽，回家的功功課也都認真做完，並且溫習白天上過的課業，對於這些改變到底發生什麼事呢？

他說三年級的導師在學期開始的時候指名要他擔任排長，他當時想怎麼可能？功課那麼差怎麼可能擔任幹部呢？平常都是功課好的同學才能擔任的。過去從不曾在意功課，成績不好也無所謂的他，形同自我放棄，自我否定。但從被任命的那一刻起，他為這個任務與榮譽努力，努力爭取更好的成績，到三年級結束時，成績已經從五十一名進步到十幾名。四年級時老師又派他去醫務室當志工，哇！那通常是班級第一名才能被派任的工作，他的內

心又再次被激動，從此更是力爭上游。這期間，這位老師一直關注著他，在老師關注與榮譽心策勵下，他更努力，國小畢業時是全校第八名，並且考上地區的最高學府。

這個故事說明大腦的自我肯定，由消極的自我放棄轉變成積極的努力，因為被別人鼓勵，被賦予重任，讓孩子有了被重視的肯定與榮譽，為此而採取行動。努力必有所獲，自我肯定也就建立。

這的故事都在告訴我們，激勵孩子自動奮發的關鍵在於別人的肯定，當一個媽媽千萬不要害怕孩子做不好，從小一點一滴賦予他任務，隨著年齡增強任務，每一次完成都要給予鼓勵讚美或獎勵，尤其公開褒揚，小孩的心中在榮譽的驅策下，越做只有越會做，越做自我價值越高，往後也會為自己的目標而努力不懈。

作者十三歲時被父親要求要立志，這一生因為當時的立志而無憾無悔。在兒女的教育是成功，在家庭的經營是成功，在健康的經營是成功的，這些成功建構多年的幸福美滿。生命中的貴人出現必然是影響的關鍵，我們提出這個貴人由你來擔任孩子的貴人。

## 3 教出懂得尊重他人的孩子

很多父母喜歡沿用西方教孩子的觀念，把他們當作朋友，目的希望更親近、沒有代溝，用他們的言語行為溝通模式相處，於是相處之間沒有長幼有序的觀念，沒有對待關係上應有的禮貌與尊重，久而久之孩子只忠於自已的感受，自以為是，在人際關係上毫不用心，將別人視為理所當然，想對別人客氣時才對別人客氣，更糟的是，父母還替孩子的粗魯行為找理由，說他只是狀況不好，應該是「餓了、生氣了、寂寞了或累了」。長此以往，就是我們常在周遭看見，自以為有理而跟父母頂嘴，吵來吵去的孩子。到這時候，我們想坐下來好好溝通是很困難的，因為孩子的自我意識早已填滿，要再來改，那是事倍功半，相當困難，品德教育是人生最重要的學習，影響一個人的人生是深遠的，西方有很多科學都值得我們學習，但這一點真的值得深思。

言行舉止是人與人接觸第一道介面，溫暖友善的言語與態度是每個人都喜歡的，當你以粗魯的言行對待別人時，你的臉上顯示「我是壞人」，你不尊重別人，別人也不會尊重壞人，從此人際關係當然不可能好。從嬰兒開始我們就教育孩子：「不是自己就是別人」，「媽媽是別人」。「自己的事自己做，沒有人應該幫忙你」，「當你需要幫忙時，應該存著懇請的的心態，用「請」、用「麻煩」拜託人家幫忙」。當接受完別人的幫助，誠心感恩的心也應該表現在言語上，讓對方知道。而不是「媽媽你過來」、「給我拿玩具」「都是你害的…」「走開啦！」。

當然整個家的和善溫暖的氛圍，是要靠家人身體力行，我們的言行舉止都是嬰兒仿效的對象。下輩對上一定用敬語，同輩也須注意語氣，因此，我們一聽到孩子不當用語時，立刻要求改正，同時也要求正確的語言，語調，並經過重複練習，讓孩子記住。

證據顯示體貼別人會嚐到持久的喜悅，慷慨和樂於助人可以強化人際關係，帶來更多喜悅。我們的孩子想要快樂，肯定自我，就應該學習發自內心去尊重別人，待人和善。

幫助孩子做對的事情，家長須以身作則，幫助孩子建立「做對的事的能力」將他們希望孩子擁有的價值觀，內化到孩子心裡。嬰兒會如何將重要的家庭和文化價值內化到自己的世界觀中，取決於家長如何以身作則展現這些價值。

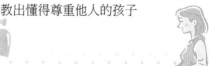

## 4 勤勞的養成

六大主題中家、好人、強壯、服務所延伸的各個細節，都能養成勤勞的習慣。

在人性的本質人是好逸惡勞，偷懶，不想動，想多享受少付出，要想把負面的惰轉變為勤，那就要有動力。小朋友在學習生活技能的初期，就要引起他對各種事務感到興趣、好玩。

很多父母常常對孩子說你還小，不可以這樣或不能那樣。有時說他大了，又有時說他還小，在孩子的心理會產生模糊不清。當你說他還小時，基本上你是心存否定，是不同意他的作為或要求，所以很自然的就以還小，作為拒絕的理由。正確的做法是如果不能同意就要用溝通的方式，設法使他理解不能的原因，我提出是用正向「你長大了」永遠都是這個方向，他的認知就很清楚，自信心就逐漸形成。

「你很棒，加油！」這句話一定是媽媽老師常用的話，把他努力的過程做為讚美的理由，而不是以結果論。如果結果是正向如預期完成，那自然更好，但要強調這是：「他的用心和願意努力」，這是學習很大的動力，而且會增進與媽媽老師的互動，彼此的信賴感更提升。當下次你推動各種學習的單元時，他一定也迫切的想參與，勤勞度也相對提高，自理生活的能力不斷提高。

在生活中教過的項目就成為規矩，有沒有執行應有的規矩，這就有對或錯，認真的做是負責的表現，是勤勞的行為，這些從「心」表現的就內化成為價值觀，媽媽老師的智慧就牽動著孩子的發展，也影響一輩子。

以洗澡為例，嬰兒時期一定是大人在幫他洗，隨著時間的轉變，孩子也漸漸長大，為了要激發他們的自主能力，父母平常就是以你長大了，不停的用肯定的方式提醒他：「你長大了」，漸漸的小孩真的覺得自己長大了，想試試看，這時候我們一定要放手讓他試試看，即使一開始會把你搞得遍地成災，也要耐著性子讓她試，這是鍛鍊小孩自己動手的習慣的最佳起點。錯過

了，等他習慣飯來張口、茶來伸手的怠惰習性時，你想改都困難了！

從吃飯、洗澡、穿衣、穿鞋到大一點課業上、運動強身等自我管理，到加入「家」的生活運作，幫忙維護家、服務別人，一旦建立起勤於勞動，有責任的態度，對於自己的課業、工作，家庭一輩子受用。

## 5 培養語言能力——從專心聽開始

說話，是一輩子與人溝通的工具，用的好，一生都快樂，用不好，那壞處就太多了。一個言語清楚有條理的人，表示大腦邏輯思考能力強；語調平和適中，表示情緒控管合宜；內容程度深淺，透露學養見識與修養。一個讚美、關心、禮貌的言語一定比批評、抱怨、責備更讓人歡迎。所以，語言的訓練又涵蓋了品德、人際關係、邏輯思考等。語言能力好表達性強的孩子，大腦邏輯思考能力強，處理事情的能力也強，有自信，不畏懼上台，但這些能力並非天生，須靠用心與正確的方法訓練來的。

說話能力強是從專心聽來的，語言的訓練須從嬰兒期就開始，哭是嬰兒傳達訊息方式，例如餓了，想睡，尿布濕了，沒安全感，看到陌生人等，習慣用哭鬧的方式表達。這個時期我們只能多對孩子說話，每對嬰兒做一件事，每一個情緒事件的反應，都應該用話語來說明，雖然嬰兒此時無法用言語來回應你。例如：「寶寶媽媽幫你換尿布囉」，「寶寶喝牛奶」，「洗

澡」，「穿衣服」，邊說配合動作，父母說話時務必做到發音準確、清楚，語調配合情景，讓他從小養習慣從聆聽中學習，有助於嬰兒對事物的認識，與字彙的的累積。

孩子在幼兒時期，當即將週歲時，這時又是一個不同階段，開始牙牙開口說，慢慢地說話、聽話、問候、發問等等，如何訓練他，這時，也要建制一套標準流程。

當父母在執行語言訓練時，態度須嚴謹，語氣要堅定，首先必須要求傾聽，注意聽我說，聽完之後，要問孩子懂不懂，孩子若回答懂，應立即反問懂什麼，要求說明內容，例如，我們有沒有勇敢？有勇敢的孩子不會愛哭，對不對？「對！」孩子回答後，緊接著就追問，對什麼？要求孩子開口說明內容，如此在一問一答的過程中，就可以培養孩子很多能力與認知。

1.專心聽：說話能力強是從聽來的，沒有專注傾聽，回答不了後面的問題，開始專注力的培養與尊重別人的態度。

2.回答問題：重複大人的話語、回答問題是訓練說話最快方法。並要求講述清晰、正確，講錯沒關係，大人再耐心清楚說一次。

3.要求他對自己大腦說一遍：把聽到的話印在腦裡，讓大腦加深印象。

4.把大腦知道的再說一遍：經過思考重組後，訓練了語言與邏輯能力。

5.大人將聽到的再說一遍：再一次深植想教給孩子的認知。

行為反覆七次以上，即可變成習慣，父母把握生活中的機會訓練，經過這樣聽、說、反覆思考的訓練，你能發現孩子的語言與邏輯思考能力比同年齡的孩子強太多了。

與嬰幼兒相處並不是隨時都處在嚴肅的訓練階段，也有很多輕鬆遊戲的一面，特別注意的是，每一次藉機訓練時，大人應確切掌控嚴謹的態度，注意自己與孩子的音量，音調，速度，表情，這樣才能達到應有的效果，也讓孩子知道這是重要的事，不可以用隨便的態度。這些是一、二歲開始訓練，五歲之後效果就能持續到一輩子。

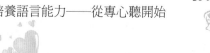

## 6 熱忱的培養

熱忱，熱心，熱情，它和積極是近親，是並存的，但是都可以利用生活來培養，如果對孩子的個性沒有主動引導，等到五歲之後，你發現我的孩子個性冷漠，不太與人有互動，漸漸和人疏遠，如此個性，就會習慣孤僻，一旦習慣，要改自然很困難了，媽媽老師願意把它實施，利用人性的特質，把自己扮成弱者，把孩子的能力給予肯定，把他當成長大的孩子，（他永遠比去年大，以此告訴他，你長大了，）請他幫助你，表達你需要他的幫忙，引發他願意幫助你的想法，從簡單的事情，例如：小明，可不可以幫媽媽拿桌上的毛巾給媽媽？謝謝。感謝別人給予的協助，要懷有感恩，感謝，並以誠懇的語調表達，（小朋友在學習年齡時，很會模仿，此時給他概念，行為方向，用鼓勵，讚美，過程中或許沒有完美，但是因為受了讚美，便會引領他更願意去做的動力，）因為他的幫忙，存在價值在內心會被激勵，會形成常常願意幫助他人的雞婆人，（熱忱，積極）這也是個人的習性，習慣，一般而言，積極熱忱的人是活的比較快樂，因為人緣好，朋友多，容易接觸更多機會，好處太多了，媽媽老師把自己扮成弱者，就有機會激發孩子內心的善良，積極和熱忱，而且在幼兒階段的小孩，體力超好，曾經有人做了兒童體能測試，以一位曾經是奧運金牌選手，跟隨一個五歲的小孩，他做什麼動作，金牌選手就跟著做同樣的動作，結果一個上午，那位金牌選手投降了，也就是幼兒年齡體力超好，媽媽老師懂得利用此種情況，把好奇心，好動，成為建設性的行為，媽媽老師投資三十分鐘用心去教孩子做某件事，你必須說明原由，引導操作，從不會到有概念，到第一次操作一定要花很多心思、精神，和時間，但是，很多媽媽老師會選擇自己動手，只用三十秒就可以搞定，不用囉嗦，但要幫助他成長，就要投資那三十分鐘，孩子一項一項透過學習便會了，他的活力有地方發洩也在進步的過程中可以幫忙成為家事的小幫手，如此不但有了熱忱，也培養更多的自信，和能力，親子之間有更好的互動。

## 7 幽默感與樂觀

網路有則笑話：

太太對每天加班的先生抱怨不斷，沒有任何先生可以忍耐，在自已疲憊不堪時被太太潑冷水，可是疲憊的他卻溫和的對太太說：「你知道嗎？我在加班的時候，想你是唯一的安慰！」

這是幽默的智慧，最高超的幽默是，在正常人應該要不高興的時候，還能夠扭轉氣氛，輕輕的把已經點燃的火藥引信踩熄。很多人誤以為當別人生氣時，沈默與忍耐是唯一的途徑，我們卻以為用樂觀的思考，藉幽默化解當下的氛圍是更好的方法。

以下兩則作者的經驗：

一位家裡自已開的一家超商，我經常去購物，有次結帳時碰巧是老闆的兒子，大約二十歲左右。當他結完帳要找我錢時，幽默的說了：「先生謝謝！這是找給你的三萬六仟元！」很簡單一句幽默的話，讓人心裡會心一笑。雖然不是什麼大歡樂，但這個幽默拉近了人與人之間的距離，也增進人際間和善愉快的一面。

超商店員的三萬六仟元這一句幽默、這使人感到親切；某日和公司經理一同到嘉義梅山賣茶葉的王姓朋友家。每次王老闆都很熱忱的招呼，於是三個人就坐在他的泡茶的櫃枱桌，一邊泡茶、一邊就聊天。席間，談及要如何培養幽默感，我說：「今天來到茶店啊，老闆坐枱……」我把話說到一般男人常去，有坐枱小姐的花茶店，一句以幽默的思維，配上當時的場景，頓時引起當場的友人哈哈大笑，這笑聲讓現場談話的氣氛輕鬆愉快，說的人和聽的人都有默契，所以一聽就聽出幽默的感受。

生活壓力有時使我們感到心情沉重，我們可以藉幽默來紓解壓力，化解衝突的情緒，除了自娛娛人，增添生活情趣。其實生活中，只要用心，很多時候都能製造幽默的趣味，讓自己、家人、周遭隨時處在愉悅的狀態中，而且無論身處何地，皆能廣結善緣、散播歡笑。

家庭中更不能少了歡笑，家是每個人的心靈身心依靠的所在，除了硬體

上的潔整、不容置疑生硬的家規之外，最重要莫不是溫暖歡笑的氛圍。所以培養生活上的幽默感是有必要的。

大腦認知的建構是一點一滴、把生活技能和要求形成的標準作業流程，這也是這個家和家人之間的共識。家人每天一定都會有很多的時間相處在一起，尤其我們推動由媽媽來帶他的孩子，那麼，就有更多時間來培養大腦的靈活度、思維的能力，這和幽默感亦有很大的關係。

我們都知道嬰兒六，七個月大的時候很會認人，如果能常常從逗他笑，搔癢他，扮鬼臉這些動作引發他笑，刺激他笑的神經，常笑，系統就愈靈活。大家都知道，微笑在人際關係是很重要的開始，它是培養樂觀開朗的開始。試想家中從來沒有笑過的小孩，接觸到外面人時會笑嗎？也很難有良好的人際關係。

喜歡笑之後，要求孩子開口打招呼，打招呼是幽默感培養的基礎，所有的幽默都一定要願意主動開口，願意以討好對方的意願，這是人際關係經營的理念。

人際關係都是從身邊的親人開始，打招呼它含有在意、珍惜、尊重、禮貌、主動拉近，更親密等多項背後含意。

喜歡笑 會打招呼，再來就是樂觀的想法。幽默感就是用ＥＱ化解當下的尷尬或難題，當然第一個須想法樂觀才幽默的出來，作者上述兩個例子都在生活中垂手可得，所以媽媽在教育孩子這一部分時，自己也要有這樣的能力，小孩耳濡目染下自然能如法炮製。

而樂觀與不樂觀因態度不同，就產生不同的作為，其結果也必然不一樣。有一則故事，有兩個不同想法的業務員，他們一起去非洲賣鞋子。當飛機到達，兩人走下飛機，看到這裡每個人都打赤腳，結果，悲觀的業務員看了的反應是，啊……完了，這裡的人都不穿鞋子，沒有生意可做了。樂觀的業務員看到這種情形，哇！這裡市場可大了，有太多的生意等著我去做。

悲觀的人他看到的是負面，而樂觀的人看到的是正面，積極，熱忱，是推動工作的必備工具。而造成想法差異的源頭，就在是否曾經被訓練過。孩子在六、七個月時就有足夠的能力接收外來的訊息。

舉個例子：一個一歲多的孩子，在練習自己用杯子喝牛奶時，打翻牛奶。這是不小心的，不在規範之內犯錯的行為，部分的父母因為牛奶弄髒了地板，而生氣責怪。有個媽媽這樣處理，「哇！好漂亮的牛奶湖喔，跟我們那天到陽明山看的一樣ㄟ」，話一出，頓時化解了孩子驚恐的情緒，接下來才是再次教育提醒小孩，與因不小心造成的麻煩，很深刻言語誇張的表情讓小孩了解，下次要小心。

想成為幽默的人，要用心觀察，周圍人事物，具備廣博的智慧，見多識廣，正面樂觀思考。

什麼事沒有困難？做什麼事都一定有難度，只要用頭腦，生活中的例子都要靠大人有心去設計，讓家人幽默一下？把它變成習慣，不斷的練習。

一、幽默是創造家人之間愉悅的氣氛，是推進家人良性互動。

二、給子女行為的示範和模仿。

三、孩子的個性是樂觀，生活的過程是推進樂觀個性。

四、有良好的互動，相互溝通變得容易，家人之間摩擦變少。

## 8 培養健康與感恩心

太太平常都會為家人準備晚餐，早上總會到菜市場採買食材，每天在孩子們放學回家後，在晚餐時間，全家一起坐在圓形的餐桌上，享受老婆為家人準備的菜。我總會要求孩子把桌上的菜平均食用，除了不能偏食之外，並告訴他們，大家看到的只是擺在餐桌上的菜，但是要從菜市場買食材到桌上的菜，有它的過程。媽媽在買菜時，要想家人每天需要的營養，煮什麼菜可以滿足大家的口味，青菜和魚肉要如何搭配，有了這些心思之後，花了錢，瀏覽各攤，陸續採買回家之後，接著清洗、配料，一切準備妥當後，再等到每個家人，陸續回家之後，再一道一道炒煮，最後才能呈現在大家的面前。

當大家看到的一道一道的菜時，就是引導孩子看眼睛沒有看到的機會，趁機來教導孩子，透過用心眼以大腦來理解，這些都是媽媽的愛心、與用心。在享受熱騰騰的美食時、要以感恩的心來回應，因此，要求最好的回報就是把盤子的菜，吃到每個人的肚子，讓每一道菜都吃光光，因此，在吃的

津津有味的過程，我們大家也回應了媽媽的愛心。

家的經營是把家人每天生活所需打理妥當，家庭主婦常常為了一餐要費盡心思，從每個人的胃口，營養需求，價格費用，料理方式，如何採購，家人何時回家，安排上桌時機，這些都得花錢、花時間精力打點。家人在工作或放學回家後，看到餐桌上的菜餚，享受溫馨的晚餐的同時，也應該想到操辦人的辛苦。當每個人都知道了這些時，就容易形成回報的心思，把媽媽做的菜吃完，接受媽媽的用心，說句感謝的話，這又會把家人的心再次連結，一切都為「它」。

經過這樣的訓練，不會有偏食、食物浪費、營養不均的問題。訓練者必須有這樣的能力，去引導看見事務背後深層的意義，能夠教會去欣賞別人的努力，在接受別人服務的過程，去感受別人的用心並真誠發出感激。當自已有機會為別人服務時，也不吝惜提供。每個人都願意為這個家努力，每個人都把自已的責任完成，做好自已的角色，那麼這個家就會凝聚向心力，當然幸福美滿。

# 9 情緒管理的重要

本主題是終身學習項目

## 案例一：

有位經常打球的朋友，因為年紀大姓朱，於是我們都稱他「朱爸」，球場工作的桿弟只要聽到今天派到要服務的對象是這位「朱爸」，心裡就緊張，想今天完了，又不知道要被罵幾次了！平常我們和他相處久了，知道他人心腸還不錯，但是就是嘴上不饒人，抱怨，批評，責備，樣樣來，一場球下來，不只服務的桿弟受不了，連很多球友也不喜歡和他打球，會造成他如此被討厭，主要是情緒管理超不好，只要球打不好，就都是別人影響他，怪東怪西都是別人錯，自已絕不會錯，如此EQ並沒有因為隨著年齡而有好的修養。

## 案例二：

生氣的警察想拔出佩槍，對方挑釁說：「來呀！」第一時間警察意識自己的衝動，如果沒有控制的話，必然要後悔與留下憾事，轉念之後接著回對方，「我不過想嚇嚇你」。高度情緒管理，在冷靜的處理後化解一場流血衝突，本來雙輸，結果雙贏。

感性一般是沒有經過大腦的反射性感覺，此時，第一時間就作出反應，沒有經過思考的行為即衝動，容易犯錯。情緒問題不是年長成熟的人就能掌控的好，也不是年紀輕就一定做不好，從我的訓練經驗得知，只要訓練得當即便是幼稚園的小孩，也能輕易處理情緒問題。

人類的感官對於好的事，通常感受比較遲緩，但是對於難看的臉色，惡毒的言語，感覺會強烈。尤其當別人指責你時，當下心情一定不好，心裡不舒服，生氣是必然在下一秒產生。失控情緒，就如同猛虎出籠，必然傷人，但也必然傷到自己，損人又不利已。因此控制自己負面情緒，運用「想」用大腦指揮耳朵不去聽，因為會使用自己不舒服、會生氣、不高興。大家都知道骨牌效應。不要讓第一個骨牌產生。教孩子會想，從小就知道引導自己想法，終身受用。

EQ要好，頭腦要冷靜，用自己的招術，應付可能使你不舒服的場面。這方面的學習自然是很重要，但在幼兒階段，父母可以先引導開朗，常常逗笑把笑的神精系統變成靈敏，開朗的人，看待事情會比較樂觀。

接著一樣要在大腦建立一個對付情緒衝動的思考流程，這個學習在所有學習訓練中應該是難度最高的，父母須非常有耐心，一次又一次建構在孩子的思想上。這時就須運用大腦會想，越想越靈活，大腦貫徹指令控制發飆的情緒，下達命令給生氣的臉；因為生氣而講出粗魯無禮的話的嘴巴；以及有可能因生氣而拳打腳踢的手腳。這個訓練不可能幾次就能達到高僧入定的境界，這也是終生學習的項目。

在情緒事件上我們分成兩方面思考化解：

1.自己情緒上來時，首先冷靜下來，告訴自己生氣一定會付出代價，轉念，認真分辨：是別人的錯還是自己的錯，是自己的錯時，只有提起勇氣認錯、道歉並改過，沒有其他辦法能化解。

2.是別人情緒失控時，首先該有很深刻的認知，我們不需隨別人情緒起舞，不應該別人犯錯用生氣來懲罰自己，這是本末倒置。冷靜後先跳開自己的情緒，並設法化解當下的氛圍，例如打斷或轉變話題，逃離現場。如果對方還是太暴走，我們只能同情他人無知，關閉耳朵，打開自己心中的MP3，想自己愉悅的事，讓對方的情緒燃燒在風中，與我們無關。我們要以樂觀開朗的心胸包容別人的無知；同情別人沒經過情緒控管的訓練；並糊塗看待這樣的情緒事件。

從小就培養ＥＱ管理，生氣、憤怒、爭論、一時的控制不了，就會雙輸。

打牌可以看出一個人的個性，修養，也可以看智慧高低，因為在打牌時注意力都專注在牌局的變化，自己平常的心性在不知不覺中自然流露，此時的情緒反應是高或低，ＥＱ好不好，完全展現無遺。學習如何在方城作戰中得勝，這是戰略和戰術的研究，在每次的牌面都不可能一樣的前提，四家各針對手中的牌開始切牌和換牌，如何推進到聽牌，進而胡牌完成一局，而在攻防之間，是攻或防守，這是要觀察局勢的走向，一方面分析，並作出判斷，再依此進行執行，用頭腦冷靜觀察指揮作戰，如此，勝利的機率可以達到七成。

不用頭腦永遠都是笨笨的，人的一生，輸贏主要的是頭腦，幼兒時期就使頭腦靈活，邏輯觀念和事理，道理，和很多古人的故事，或事件的故事，或名人傳記，這些都是幫助幼兒腦力發展的發展。

# 10 學歷＋能力＝如虎添翼

我們看到這個世代的孩子，在父母細心呵護下，辛辛苦苦，一路過關斬將，讀書讀到碩士、博士。卻在這個社會找不到工作，甚至連自我謀生的能力都沒有。大環境固然侷限了某些發展的空間，但世界是平廣的，只要你是一顆能力強勁的種子，散落在任何環境都能茁壯成為大樹。我們的教育體制過度迷失在明星學校的光環中，過度迷失在課業的分數上，即便有技職教育延伸到大學研究所，孩子學到的是三兩年就能會的技術。忽略了一個人最重要的內化氣質的提升與綜合能力的培養。

筆者語重心長，不厭其煩將六大主軸，一遍又一遍的陳述在各個環節當中，正因為六個項目環環相扣，每一個延伸出來的效益都讓孩子一生受益，生活當中幾乎所有的事件都是教導的題材，只要父母有心，我們教育出來的孩子就是個領導人才。

A、從愛家觀念發展出來的能力：

從愛出發、愛自己、愛家、愛別人；體貼、關懷別人；責任的概念；別人和自己；人我的關係；服務的概念；環保、整潔；感恩、包容能力；勤勞的習慣；規則、法制的概念；權力、義務討論；提案；尊重不同意見；了解每個人都有自己的想法，溝通的重要和必要；團體團隊。

B、從我是好人發展出來的能力：

是非觀念；責任的態度；服務的概念；自我價值；生命價值；願意幫助他人，從幫助他人中可以獲得友誼，可以增加學習，增加經驗；願意提升自己；勤勞的養成；不批評、抱怨、責備；積極、熱忱；尊重他人，勇氣自信，認錯的勇氣。

C、從服務延展出來的能力：

愛家；人我的關係；樂於助人；自我管理；願意幫助他人；人緣好；自信心強；自我肯定。

D、從強壯延展出來的能力：

要擁有強壯的體格，以便提升使用身體的能力，以執行力的培養，運動的必要性，知道強壯就是要運動，運動要成為習慣，要每天執行，要不斷為身體的強化和

手腳的靈活；勤勞；不怕吃苦；強大的執行力；健康；愛家責任心。

E、從危機延展出來的能力：

愛家責任心；危機意識；觀察能力；分析能力，道路的危險與安全；速度與位置的判別。

F、從大腦延展出來的能力：

了解所有的行為來自於想法，從正面，積極培養進而成為習慣。為了要訓練各項主題，大腦總括一切能力：思考能力；邏輯能力；分析能力；觀察；領導能力；情緒管理；語言能力；欣賞的能力，能欣賞表面的美，也能看到呈現美後面的努力；讚美的心胸，看別人的努力給予讚美，除了肯定，也激勵自己學習的方向和楷模；宏觀的想法，心胸寬大就不值為沒意義的小事與他人計較、爭執，同情別人的無知，但絕對要求自己不能無知；吃苦，願意吃苦就有機會上進、成長、進步，有成為人上人的途徑和機會。

# 第四篇　動手做——案例分享與探討

建立規則，建立理論，所有優質的方法，一做再做，徹底執行，……成功都來自於動手做！

# 第一章教法招數説明

日常生活中的大大小小事，都是培養優質人才的教戰守則！

## 1 建立賞罰「刑事民事制度」

家庭就是小型的社會，需要用制度規矩來規範要求每一個成員的行為。規則的訂定也是透過家庭成員的討論形成的。我們可以選定一個共同時間(通常晚餐時)來處理每天發生的問題，經過大家的決議後就一致施行，執法者一定要建立威信，沒有模稜兩可的地帶，這樣日後家規才能穩固有效地實行。

我的經驗，除了嚴重危及安全或人格的事件，我們必須用嚴厲的「刑事」法來處理以外，有些小事我鼓勵他們可以私下「民事」和解，一來達到調停的功用，再來也訓練他們彼此溝通協調的能力。

## 2 賞罰分明花錢罰打

對於小孩的零用錢，我是十分謹慎不濫給的，從小我教育他們要錢須自己賺，建立金錢管理的觀念。告知他們：你在二十歲以前，你的生活跟學校所需的通通父母提供，我們用經濟面現實面來看，你還小不會賺錢，爸媽媽會賺錢，我們先借給你，先提供給你。所以你說書包壞了、鞋子有需要了、參考書，不用商量，爸爸可以幫你準備。二十歲以後這一些包括吃的用的等等，大約四百萬，你二十歲以後開始賺錢，慢慢還我。

我們用意不是要小孩的錢，或以後怎麼對我們孝順，而是給他們觀念，父母辛勞工作養育讓他學習，成就他的能力，不是應該的，小孩該有感恩的心，小孩要為自己一生負責，這樣小孩不會怠惰，像時下年輕人讀到碩士還在家裡當媽寶，不出去工作當啃老族。

所以用零用錢制度就是讓孩子知道，沒有口袋就約束你的想法，你口袋夠深，你去看更高檔的玩具可以，不用問我，問你自己，這是自我管理很重要的一環。

當孩子的面對為物質慾望時，他會衡量自己的經濟狀況，我們也需要從旁引導，跟孩子一起評估效益值不值得，你買回的是需要的東西，還是滿足虛榮的東西呢？我們不要跟流行一定得有什麼東西，從小就讓他很明確了解，實際物用與虛榮的分別。

在我的教養過程中，我提供了多項讓他們賺取零用錢的機制，他可以利用運動賺錢，例如：他仰臥起坐一百下有多少錢，於是她們姊妹合作，一起賺運動的錢，這個目的當然是引誘他運動強身的方法之一。大人是花錢買健康，與其把錢花在看病上，不如將身體鍛鍊好減少生病的機率。

另外，有些過錯是可以用罰錢了事的，像我們交通違規無心之過，交罰單了事一樣。像成績考差了未達到他們自己訂的標準，玩具沒有收……這些零零總總的賞罰細節，讓他們學會記帳，管理金錢，努力賺錢的效果。

## 3 打氣筒、鞭子、劍

有時候只單靠我們一直灌輸觀念也無法達到效果，遊戲跟角色扮演最能吸引小孩的注意與學習，每個家在教養上都需要準備一些工具，針對嬰幼甚或兒童期，我提出三項別具意義的法寶：

A打氣筒：嬰幼兒開始學習的過程，會遇上很多身體和心理的挫折，有時跌倒、受傷、把不會變會、恐懼上台，……這時候打氣筒就派上用場，當然每一項工具的使用都須給它明確的定義，小孩心中裝有打氣筒就像卜派吃了波菜一樣，戰鬥力大增，可能產生的疼痛、懦弱、受傷心理都會馬上掃除。要有這樣的效用，須靠媽媽或一旁的啦啦隊誇張的搖旗吶喊，讚美鼓勵，或甚至祭出一些實質獎勵的東西。

B鞭子：教養的路很漫長很瑣碎，不只大人會疲怠，小孩也一樣，不論在學習上、運動上、家事上。教者隨時要有敏銳的觀察力，一發現鐘擺停滯了趕快上緊發條，我們的鞭子不是聲嘶力竭的催促小孩去做，而是用先前六大認知的道理來提醒小孩。

鞭策是有層次性的不同，從不願意作到願意作去做，再從做到勤勞的去做，過程當中當然要靠媽媽運用蜜糖、啦啦隊、利誘去引導，通常這只用在過渡階段，讓他時時鞭策自己，其實當六大認知內化成為他的思想時，小孩都能自動自發。

C劍：劍是家裡施展正義的寶物，每個人都該是被尊重的個體，誰都沒有權力隨意侵犯別人，這種觀念是從小就要深植在小孩腦裡，通常執法的人是家裡的父親或母親，對於執法我們強調須很公平很嚴厲，這樣法的效能才能被建立，小孩才能遵守。（溫柔且堅定的說你不可以，嚴肅的用食指指指著對方。）

例如：姐姐對妹妹不尊重，無故打了妹妹，妹妹有權力拿出劍，很嚴厲的反擊，你不能這樣！姐姐如果漠視妹妹的抗議，經過規勸沒有改善，就罪加一等，妹妹可以請執法的人來處理，當執法者確認事件始末是姐姐無理，就賦予妹妹懲罰姐姐的權力，我曾買過拳擊套讓孩子使用懲罰權力的工具，只用了一次。因為它他們後來都了解，私下和解比鬧上「法庭」對自己更有利，也因此學會彼此溝通與包容無心的過錯。

## 4 黑白臉意義與操作

一般家庭教養上爸爸扮白臉，媽媽扮黑臉，那是兩個人扮演柔硬兩個角色。事件一發生，他無法在有效的在第一時間處理。所以應該有的一個人，同時扮演黑白臉，黑臉的作用是指導與糾正，正向的部分要很嚴肅的，嚴厲的去看他的認知上是否有出現狀況，怎麼會這樣做？因為你正在教他，如果你嘻嘻哈哈，就失去意義，沒有效果。白臉的作用是緩和氣氛與提示答案，訓練者的態度和語氣就要柔軟，讓小孩心理有依靠，不會自己一次犯錯，或疏忽就沒有改正的機會。這個方法，大多用在兩歲以前，孩子還懵懂認識不很清楚的階段，大人用誇張嚴厲柔軟慈愛的表情，幫助他加深印象。黑白臉的扮演是糾正錯誤的一個手段。

## 黑白臉

黑臉角色主要是處理錯誤角色

白臉是用側身手摀著嘴偷偷的告訴答案

案例1

**黑白臉—媽媽老師一個人充當黑臉及白臉**

「軟硬兼施」立威、震撼、強迫建構並重複（教育正向方向）

黑＝立威、狠、強勢

白＝做好人，給幫助，讓他完成克服通過培養自信心，心臟強度，冷靜能力，不急不除。

註：黑白臉＋啦啦隊都是由1人（父母親或指導者）

啦啦隊：父、母、阿公、阿嬤、家人。

**完成了，通過後一定要有「啦啦隊」的激勵。啦啦隊功能：就是一個正向方的期望，比如就是孩子一顆心靈的糖，下次還會期望拿到糖。**

（分析問題和找尋解決問題方法的能力）

例如孩子亂放鞋子，黑臉馬上嚴厲糾正。

**黑臉**：「問他為什麼這樣？」

小孩可能説忘了或印象不深。

**黑臉**：「那該怎麼做？」

大人這時要轉換臉色，把正對小孩嚴厲的臉轉向一邊，扮演白臉提示解答的角色，並暗示小孩鞋子該放到鞋櫃，之後大人再回到黑臉，再次嚴厲地問他，此時他已經有白臉告訴他的答案了。

小孩的行為錯誤是須修正的，我們就問他哪裡錯了？是手呢？還是腳？或是眼睛？需要修理嗎？家具壞了我們是修理呢？還是丟掉？那你的大腦沒

有提醒你的手，要將鞋子放回它的位置，是要修理手呢？還是我們把手丟掉，手丟掉之後就不能用手拿玩具了喔，也不能用手拿東西吃了喔？

小孩會有答案，他想修理沒指揮手的大腦和沒聽話的手，修理大腦的過程就是讓他跟自己對話，大人在旁用重複法讓這件事清楚記在他心裡。修理手的部分，請他自己執行，打或捏……依照先前的約定進行。

黑白臉的使用在一歲時頻率最高，因為常用，圖中所列，別小看這個過程，當他面對黑臉嚴厲質問時，心裡還要鎮定、冷靜去找方法，克服它，從中訓練事有很多層意義與功效的。

A. 面對冷靜、有壓迫性、威脅性的語言時，能夠用正常的語調、清礎的內容從容回應。

B. 抗壓性強、正義感和對於邪惡能夠獨立主張，領袖的特質容易培養。

C. 由於傾聽和語言的不斷在第一時間重複，因此，語言和表達能力必然流暢。

D. 認知非常明確，這對於日後決策能力，判斷能力，皆從此有了起點，

啟動之後終身受用。

E. 自我定位與角色的認知，改錯的過程有所選擇：

選擇善良，不是我軟弱，因為我明白，善良是本性。做人不能惡，惡必遭報應。我選擇忍讓，不是因為我退縮。因為我明白，忍一忍風平浪靜，讓一讓會天高海闊。

我選擇寬容，不是我怯懦。因為我明白，寬容是美德。美德沒有錯。

我選擇寬宥面對誤解委屈和不公平。只是不願計較，從而大度應對。

我選擇饒恕，不是我沒原則。因為我明白，得饒人時且饒人，不能把事做絕了。

我重情義，背叛沒有好結果。

我選，不是因為我笨拙，因為我明白，厚德戴物助人能快樂。

記住別人對自已的好，學會適時適度幫助他人。

## 5 啦啦隊鼓勵讚美是蜜糖

訓練師最重要的部份是「啦啦隊」，他是個懂得營造氣氛、懂得運用很興奮的語調、表情，把小朋友的情緒，成就感彰顯無遺的訓練者。讓他感受到他成功了，他做到了！當然，要及時把握最佳工具「重複」法，它是推向習慣重要的工具，用誇張的表情，要求渴望的態度對孩子說：剛才不算，再來一次，哇！太棒了，再來一次。過程中盡量找理由來重複，小孩愛玩的心態不會拒絕重複玩，訓練師的就是要使用「重複」法來讓小孩的行為根深蒂固。

鼓勵讚美永遠是孩子最甜的蜜糖、操作行為一方面在培養「習慣」，運用重複的手段，這其中當每一次行為產生，父母啦啦隊同時給予讚美「好棒」、「好厲害唷！」。我們希望父母是真心地被小孩的行為感動，認真的去思考一個嬰幼兒的心理與能力時，我們會發現他們的行為舉動，真的不簡單，用這樣的心情，當我們讚嘆他們說「好棒」、「好厲害唷」時，語調自然充滿興奮，氣氛當然充滿高興喜悅，他們也能感受，對於自已做到了這件事，大人是給予的肯定讚賞的。這也讓孩子對自已產生肯定與自信，同時激發他勇於嘗試的勇氣！這樣的概念它會在大腦裡有明顯的暗示，只要我願意沒有做不到，只要我努力，我一定可以的，這樣積極的對事態度是他的價值觀，這對日後所有計劃的執行力有著莫大的幫助。

# 6 花錢買健康

我們知道所有的病痛來自虛弱沒有抵抗力的身體，運動會改變和改善體質，嬰兒的運動應該很多育嬰手冊都會介紹，在這裡提一下概念，運動就是用力，手，腳，身體幫助嬰兒動加用力，伸展也會拉筋，也會增加靈活度，手腳會輕巧，肌力也因而變得更好，透過運動也會刺激嬰幼兒腦力的發育。運動對於成人而言，要活就是要動，動亦是運動，使用筋骨肌肉，可以有達到酸痛和流汗，以此為定義，那媽媽就可以在生治中去創造各種動的機會，為什麼要運動？要強壯。身體強壯是六大訴求中很重要的項目，怎麼樣引導小孩把運動強身當成習慣 當成一生都奉行實踐的項目，在最初除了觀念的灌輸，親自陪伴小孩運動遊戲外 給他們實質的誘惑也是方法之一，我稱它做「花錢買健康」。

「花錢買健康」實際的做法就是，當孩子運動到流汗、例如跑完四百公尺、一百個仰臥起坐…我就給多少錢，小孩有時會懶，有時會犯錯，當他的零用錢因為被罰或買東西用完時，他可能為了某些慾望非得賺錢錢不可，那時運動賺錢就是很好的管道。當然這些都只是訓練的過程，目的就是有強健的身體。

# 7 從想到做重複七次根深蒂固

要求與頭腦對話，可以培養自我檢討，理性思維細膩歸納能力、邏輯性語言等等，都從與頭腦對話養成習性之後建構而成，訓練一個影響統帥人生的一顆金頭腦是何其重要。

**頭腦的運動＝強壯、認知、歸納、邏輯、理性、自省、思維。**

**起點：從認知中重複七次，創造知。**

**過程：知＋行＝開始進入習慣，行為七次等於習慣。**

**目標：美譽的追求與內化成為思想，健全人格發展。**

重複七次的作法：

1．大人講一遍

2．孩子聽第一遍

3．要求孩子說一遍聽到的

4．再讓小孩自己向大腦說一遍

5．大人再問一次，你向大腦說了什麼？

6．孩子將自己與大腦的對話又說了一遍

7．孩子說完，大人再把你聽到孩子確認的複誦一遍

如此在掌握第一時間就利用機會把觀念認知有效的傳達給他的大腦。

一個訓練者，當執行訓練一件事時，應語氣堅定、態度嚴肅，讓他受到震撼而又能冷靜，然後理解思考又能冷靜還不產生畏懼。重複七次的過程需有震撼，只是憑著壓迫性的語調讓他很鎮定，還要能啟動它的思維，這是在緊急時的臨場應對訓練，除了讓小孩當時銘刻在心之外，還訓練他危機處理能力。

一般人在生氣的時候，大腦是無法思考運作，生氣的時候不能做決定，當下的反應都是反射行為、非理性，大都是衝動，所以容易出錯。經過這樣的訓練後，她的勇氣也會不一樣，當遇上強烈的情緒還能冷靜處理，會思考

我不是被嚇大的，給我道理否則免談！他內心的強度與抗壓性會不同。

## 知、行＋重複＝習慣

在大腦觀念認知的培養，用上述方式，重複的運用捉住那個時間點，緊咬不放，就是他想，有了他想的企圖，那就是需求產生了，機會來了，同樣的在要培養習慣的第二步驟是行為。行為是執行是操作，是把觀念、認知、反應在表象上，是藉嘴巴或身體或手或腳操作完成的，重複操作是培養習慣的手段，七次，在第一時間就創造機會「要求」，軟硬共施或恩威並施，黑白臉方式，無論如何一定要在第一時間製造「重複」。

# 第二章　生活的經驗是孩子學習的法則

過程中千萬不能讓孩子有可依靠的地方，所有大人的立場要一致，一次經驗就杜絕孩子任性行為。

## 案例1：不夠餓故事

故事發生在異國婚姻的家庭組合中，台灣阿嬤、外國媳婦與孫子。有天，小孩自已主張並同意阿嬤煮稀飯，第二天，阿嬤煮了，但孩子任性不想吃，美國媽媽冷靜平和地說：「可以不吃，那就不吃，等到要吃再來吧！但除了稀飯之外，不許吃別的東西」。阿嬤心軟相當捨不得，但美國媳婦有自己的教法，堅持孩子在教育上不能有縱容的行為。任性的小孩從上午餓到了黃昏，一直餓到不行了，阿嬤熱了稀飯讓孩子吃了！

媳婦教孩子，要阿嬤不要插手，阿嬤也覺得媳婦教孩子方式和自已不一樣，美國人和中國媽媽教法也不一樣。在這過程中千萬不能讓孩子有可依靠的地方，所有大人的立場要一致，一次經驗就杜絕孩子任性行為，這就是教育上的立威、狠、強勢。本故事引用網路資訊。

## 案例2：不收自己玩具

美國媽媽當孩子玩具不收拾，教育好幾次不聽時，便將孩子玩具當廢物丟到垃圾桶，讓孩子知道收拾好自己玩的玩具是自己的責任。等孩子反省後，帶孩子去垃圾桶找回玩具並擦乾淨。用結果論強勢方法讓孩子懂得，玩具要收好歸定位，玩具不歸定位，是屬於廢棄物該丟垃圾筒，在說明自己的責任要自己負的重要性，與並且藉機教導珍惜和擁有的福氣。本故事引用網路資訊。

## 案例3：小魔女故事

小魔女，三歲，父荷蘭華僑，母台灣人，祖父母花蓮人，她出生後便由祖父母帶到一歲。週歲後由父母帶到上海，平常請媬姆照顧，由於父母平常工作忙碌，在二歲之後就上當地的全美語托兒所。

她的同學來自世界不同國家，班上有一位黑人的好朋友，平常在學校的表現，由於她有父親的聰明，又有母親語言的天份，再加上個性活潑好動，因此常常讓老師很頭痛，父母常接到老師投訴的電話，有時更是因為打人，而被請到學校向對方家長賠不是。她本身也常犯規而被罰坐在老師專設的「冷靜區」自我檢討。

母親在接孩子回家時，總會問孩子，今天坐了「冷靜區」沒？如果沒有，媽媽才放下心來，阿門！阿彌陀佛！心想今天總算平安。

對於這樣的小孩，父母就應該先花時間將心思放在孩子身上，糾正她的行為並建構她的認知。例如：以「好人」執行好人的任務。打人就是壞人，好人不會去打人。又「長大了」自己的事，自己做，東西歸定立，玩具的主人是「我」，我就有責任照管，沒管好就是失職，失職是沒有責任感的人。

## 案例4：胎教影響韻律感

某次和朋友在小吃店用餐，看見一位母親帶一個小女孩，後來得知小女孩是一歲五個月大。從她進入開始，表情自在一點都不畏生，當時在座有很多大人。接著她母親在小吃店附設的卡拉ＯＫ著拿著麥克風唱歌時，我們竟然看到那個一歲多的小女孩隨著節奏跳舞，她很有節奏地舞動手和腳，這樣的舉動引起我很大的好奇，於是特別去請問他的母親。

這個母親的回答是，她在懷孕的時候就常唱卡拉OK，所以是胎教影響，她出生後，聽到音樂就喜歡跟著舞動手腳，因為環境造成她喜歡音樂，會走路之後喜歡跳舞。這讓她手腳有強度，肌肉結實，走路很穩，跳舞很有韻律感，而且能跳完一整首歌。她的母親說完之後我們了解孩子有他的能力，不要因為他小而放棄教導。

## 案例5：釘子的故事EQ為主軸

有一個男孩有著很壞的脾氣，於是他父親給了他一袋釘子，並且告訴他說：「每當你發脾氣的時候，就釘一個釘子在後院的圍籬上」。開始的時候，這個男孩曾經一天釘下了三十七根釘子，那表示他一天發脾氣三十七次。

慢慢的每天釘下的數量減少了，他發現控制自已的脾氣要比釘下那些釘子來得容易些。終於，有一天這個男孩再也不會失去耐性亂發脾氣，他告訴父親這件事，父親告訴他，現在開始每當他能控制自已的脾氣時候，就拔出一根釘子。一天天的過去了，最後男孩告訴他的父親，他終於把所有釘子都拔出來了。

父親握著他的手到後院說：「你做得很好，我的好孩子。但是看看那些圍籬上的洞，已經千瘡百孔了，這些圍籬將永遠不能回復成之前的樣子，你生氣時說的話，像這些釘子一樣留下疤痕。如果你拿刀子捅別人一刀，不管你說了多少次對不起，那個傷口將永遠存在，話語的傷痛就像真實的刀劍一樣令人無法承受。」

俗話說：「利刃割體痕易合，惡語傷人恨難消」，我們用刀子在肉上劃一下，只要一、兩個星期就能修復；當我們用很尖銳的言語對待他人，他那個傷痛可能一輩子都無法平息。有沒有聽過因為被別人罵而去自殺的？有！所以，惡毒的言語有時比刀劍更鋒利。

因此，父親告訴他，雖然你現在不發脾氣了，但是你以前所發的脾氣，已經傷了很多人的心，造成你的人際關係上很多的障礙。愛生氣、發怒對自己、對他人都不好，這種對自己、別人都沒有好處的事，是否還要繼續做？當然不能再做。本故事引用網路資訊。

## 案例6：小丸生氣有理

全家一起去逛百貨公司，在回家的路上，看到小丸一臉不高興，臭臉別人一看就知道，他媽媽在前座轉頭對身為外公的我說，妹妹搶了他的東西，兄妹倆人爭吵導致心情不好，鬧彆扭，生氣有理。

媽媽可以理解，並容許他生氣，但是，生氣是把別人的錯拿來懲罰自己，生氣一定要付出代價，傷害自己也因此傷到別人。生氣不能解決問題，經常生氣容易形成習慣，變成易怒爆燥，急性，缺乏耐心，不冷靜。

正向思考，可以化解負面情緒，問孩子你要成為上述的人嗎？如果妹妹有錯你可以告訴他，或告訴媽媽，讓媽媽處理，媽媽可以提供好人、家人、哥哥的定義，這包括有包容別人的過錯，協助妹妹改過，成長的過程是需要家人的協助，他是哥哥是有責任的。

轉移情緒再說理：

順著孩子的情緒時往往要有一段不愉快旳過程，如果孩子是一～二歲可能動不動就哭，或鬧情緒，大人可以用大動作、加大音量、高分貝、以指桑罵槐方式吸引他的注意，令他忘了他剛才的哭鬧。舉例：如果孩子不經意跌了一交，坐在地上哇哇大哭，此時！教育者用很驚訝的大聲說，哇！地上破了大洞，表情誇張到好像地上被他撞了大洞，事情很嚴重！任何孩子看到這般震撼式的舉動一定忘了哭，接著，還好，地上沒事。轉移情緒後，再將該灌輸的道理植入。教孩子有基本的招式，有很多行為的必然，只要掌握方法，就可以達到預期的結果，其中最重要的是老師的智慧，這點也是最難克服的。

案例5與案例6都是情緒管理的問題，ＥＱ管理是能將負面情緒在第一時間冷靜，通常人們對負面情事的反應是強烈的，我們應學習，不是不舒服就該生氣，先冷靜看事情的背後是什麼，絕對不能生氣，開始找正向的拉力，給自己心理建設，「才不要和他一般見識」，「他不值得我生氣」，平常要準備對抗的工具，聽到不中意聽的話，就及時關閉耳朵，馬上採取思想逃避，想著昨天很興奮的那件事，那件事的每一個過程，細節，或打開心中的MP3，播放自己喜歡的歌曲，心中唱著，這樣影響你負面情緒的來源就完全切斷。大家都知道，三到五歲即學會情緒管理的要領，一生受用，是領導者必要的條件。

## 案例7：八歲做菜，有大廚的架式

一歲看媽媽在廚房作菜，引發興趣，他能夠讓媽媽願意讓他學習並耐心的教導。廚房對幼兒而言算是較為危險的地方，有各種菜刀、電、瓦斯、火爐等等。從電視現場的播出畫面，男主播年約五十歲。現場採訪由八歲小女生烹飪的過程，小女孩一邊介紹材料，一邊解說各種材料的選擇，與該如何搭配料理。當主播拿著切好的的果肉要撥入鍋裡時，她馬上提醒說，不能撥到裡層，不然味道就不一樣，完全是一副經驗老到的大廚風範，而他不過就是八歲的小女孩。

我們用這件事來告訴許許多多的大人，要大人們相信，一歲的小孩有一歲小孩的能力；八歲的小孩有八歲的能力，不管幾歲都有各年齡的能力，重點在：你要用

什麼方式教育他，或是等他長大了再說？

## 案例8：蜜糖＋好玩＋想要＝要付出的條件

想吃！想玩！想去！想要！想笑！想喝！想買！

有想就有需求，要求要提供滿足，但有條件「供應」。這就是要教他的機會，只要他想要就是教導的機會。但前題是「你準備好了沒」，為什麼培訓媽媽或說訓練者，才知道把「材料」準備好，隨時備用，在從生活當中尋找機會，創造機會，機會來臨，第一時間就要及時把握運用。

例：女婿阿明幫兒子小丸買了一部遙控汽車，五歲的小丸自已在拆除包裝時需要工具，要用十字起子把包裝上的螺絲打開。於是小丸就跑來找阿公我借起子。此時他「想借」，我就帶他到工具箱處，拿起他要的十字起子，東西我拿在手上，指著起子告訴他，這是誰的？「東西都有主人」，這是我平常教他所有權的觀念。工具箱是管理，固定位置的概念。當我把起子交在他手上時，問他：「借了要不要返還？」回答：「要」。我就把握到他想要的需求，將「有借有還，再借不難」說一遍。要他模仿與複誦，因此，說話速度要慢一點，並且把每個字表達清礎，這些字意義要注入大腦，如此才會有機會建構所有權的認知，與管理自已物品的基本態度，也是培養責任和自我管理的必要程序。

利用他急著要玩新玩具的心理，要借工具，即刻把準備好的「素材」端出來，（重複7次是，聽一遍，要求說一遍，再自已向大腦說一遍，再問一次，你向大腦說了什麼，用這樣他又說了一遍，聽他說完，你再複誦一遍）。如此在第一時間，就利用機會把觀念認知有效的傳達給他的大腦。「台上三分鐘，台下十年功」一定是要有所準備，並且真心想要幫助他，有著這樣的企圖心，那麼，借著共同生活的過程，機會是很多。

## 案例9：身教的影響

網路上有一位媽媽從養魚的過程，發現這些魚本來很溫和。但是由他接手養之後，這些魚變的性急，吃東西很快很猛，原來是由於他沒耐心用一顆顆的餵，而是整把丟下去，而造成整個魚習性的轉變。我們也發現，可能因為生活與工作的壓力，常常當小孩對媽媽說話時，媽媽的回答總是：「快點」、「來不及了」……這樣的結果，首先影響的是，小孩也在潛移默化中個性變得很急、不冷靜，其次親子無法做深入的溝通，親子關係常因此出現問題。身教的影響於此可見一班。本故事引用網路資訊。

## 案例10：重複的力量——親身經驗

從出生到五歲2000個日子，所培養出來的習慣就會伴隨一生，如果沒有特別的轉變，那也是自己人生的價值觀，童年往事是很難忘記的，而有智慧的媽媽必然影

響著孩子的童年。我有個朋友就告訴我，他的媳婦很會教小孩，他說：我的二歲孫子今年過年回來，我告訴他，樓梯旁邊危險不要靠近。他聽完之後，就重複說在樓梯那邊危險，不能靠近。另外一次我告訴他，這個廚房是阿嬤燉東西的地方，很多都是易碎的玻璃品之類的，你不能來很危險喔，他聽完之後也一樣對著自己重複的說，這些都是阿嬤的不能碰。

當時我就感覺這個孫子表現令人安心，而且受教容易溝通，他理解危險必須注意，並且避免。這當然是教他的人的智慧，他的母親懂得運用重複法，運用自我告知，讓大腦認知建構，並教育危險意識，更重要的是把握黃金期，協助他獲得更多好習慣。

## 案例11：小丸打人——錯誤的認知

日前，住在高雄的女兒打電話給她的大姐，因幼稚園老師打電話來，說自己小孩小丸打了小班的同學，對方的家長很生氣到學校要求處理，說他的孩子被小丸打傷了眼睛。

大姐：「我問妳，這事該如何處理？他的老師說，小丸在學校打了比他小的同學，根據被打小朋友的家長的說法，事情是這樣，小丸打了他的同學時，告訴他同學，我打你是因為我喜歡你，所以你不可以告訴老師。這位被打的小朋友就沒將此事向老師報告。但回家之後，家長發覺小朋友眼睛腫腫的，問小孩怎麼回事，小孩才將在學校被同學打的事情，一五一十的告訴媽媽。大姐妳說我現在到學校要如何處理。」

小孩怎麼會認為：打人是因為我喜歡你？所以才打你。這種認知是大腦沒有被定向，沒有主動建構價值觀，讓孩子自由發展他的認知，結果是「打人」不尊重別人，任意侵犯別人，傷害別人身體，本書所介紹的大腦認知中，要強而有力的幾項重要的基本準則，從「我是好人」這個點出發，一直往外在正向上延伸，有如湖中投石、水波不斷的漣漪、「我是好人」就是那顆石頭投入大腦的認知湖裡。

## 案例12：尊重小孩的人權

要教小朋友一定要了解心理，也要知道人性，要引導想法，觀念，自己必須先

把價值定義，這個定義讓他無法反駁，只有接受。所以我們必須定位清楚，目標明確，在五歲前強制孩子接受，但五歲後就要求他要有所主張，要培養獨立的想法，大人可以討論他的見解，所持理由，心中所依據的道理，如此培養出來的孩子，一生知道為何而活，為何而戰，生活有目標，工作有熱忱，凡事積極。

早上到朋友家，正在泡茶聊天，此時，他太太帶著孫女看完醫生回家，隨即坐下，並叫孫女叫伯公，但小孫女就是不叫。此時，很明顯她在抗拒，不想順從，阿嬤忙著解釋，說他平時不會如此，不知為何，從昨天就閉口不語，見人也不打招呼。小孩當然也有情緒，大人有讓他不舒服時，又無法從心中釋懷時，就會將不滿情緒表現在行為上。剛好是個機會教育，我先以我是好人的認知打開話題，好人是有禮貌的，會問候人的，我們要當好人來引導她，來叫伯公。果然，小孫女開口叫伯公，我說再叫一次，我以較大音量說：「伯公，來」，小孫女就再以較高音量叫了伯公！

以這個案例說明，平常我們有否注意孩子心理感受，有否教導適當的表達想法，感受，更要教導尊重，大人要尊重小孩的人格，人權，在尊重的前提能夠傾聽她的意見，自小從環境中自己被尊重，自然學會尊重別人。為了要他開口叫伯公，相互之間有了對抗，大人是否堅持，或放過，如果對的事不能堅持，有了一次就會有第二次，小朋友就學會見縫插針，漸漸形成放縱，縱容，那孩子就會抗拒，不會服從，如此，性格和人格的發展，就漸漸失控。

## 案例13：一葉知秋

一葉知秋，孩子的舉止反應出他背後的環境，也反映出是否在成長中受教，父母是否重視孩子的教養，只要看到孩子的行為舉止就一目了然了。

隔壁鄰居電視裝了機上盒之後，常常因為按錯遙控器導致電視無法收看。有一次，按錯後無法修復，結果找了我來幫忙，我來修好後，從此電視出問題他就會來找我。

有次電視又出了問題，要我去他家，我又發揮雞婆的本性(服務他人的精神)。而我這位朋友是一位年紀年較我年長的一位阿嬤，平常他是和兒子媳婦和就讀國中的孫子住在一起。而這位孫子平常是不會和任何人打招呼，就是有客

人在家裡，他坐在客廳，看電視、打他的電腦遊戲，從來不理會身旁的人。

但這次電視有出狀況，修理了之後，剛好遇上大姐另一個就讀國小大概十歲的外孫女進來，她一進門看到我坐在客廳就向著我問：爺爺好！我回答說，我來幫你阿嬤修理電視。她立刻回應我：嗨！你好。態度很誠懇，語調很溫柔，緊接著她媽媽隨後進來，此刻我深深的感受到媽媽對孩子教育的重要。而人際關係是另一個軌跡，有人緣的人同學多朋友多，自然助力多，活得快樂。畢業後就業面試面談的主考官一看，人緣好壞兩者的差異就出現，各自的機會也自然不同。試問有哪個企業用人要找一個沒有互動的夥伴？沒有互動的員工讓團隊運作困難的人？

一葉知秋，孩子的舉止反應出他背出的環境是否在成長中受教，父母是否重視孩子的教養，只要看到孩子的行為舉止就一目了然了。孩子的習性是關係到他一輩子人生際遇的。

個性影響一生的命運，但個性的養成是來自出生後的黃金2000天，在這個時間點裡，該對孩子做什麼樣的教育，就幾乎決定了他一生的樣子·這樣重大的責任，因此，從小養成的個性影響終身，孩子的未來，掌握在教育孩子的黃金期展開，協助孩子的人生活得順利，過得快樂。

除了父母之外，還需要政府政策的協助，本書也提出了六桶水理論，在好的價值模式下，重複重複再重複，重複七次的構架下，徹底讓孩子建立一生的立於不敗之地的處理準則，培養優質的國民，提升國家的競爭力。

## 結語

一個超商店員是二個孩子的媽媽，聽我說起《教養黃金2000天》的書談的是談幼兒五歲前的教育，她立刻回應，那時期的孩子是一張白紙，她的大的小孩由於有堅持得以好好教，而第二個孩子則因為工作較忙，而無法專心教養，結果二個孩子表現出來是天差地別，大的孩子讓人貼心、放心，而第二的孩子不但功課不好且經常要為他擔心。

因為家計而無法安心教養孩子以致喪失教養黃金期，這是全國很多家庭的問題，有很多孩子在黃金教養期父母卻不知該如何教養。導致長大後情緒無法控管，即便一句話就能引起衝突。

孩子如果能在教養黃金期有專人給予成功的幫助，他將會是成為未來的社會精英，這本書是希望政府能夠推動建構一套系統，利國利民，實施後讓新一代將更具競爭力。逐步提升並把握幼兒教育的時機，並引領教育內容與技巧，越早開始影響就越深。

具體的內容呈現出明確的目標。從父母的在意（一生知道為自己生命努力）協助孩子建構這樣的使命感開始。現在的孩子因為有了手機，很容易消磨時間，鮮少靜思自己人生為何而戰。人生是一場戰鬥，先苦後樂，或先甘後苦，這因果是絕對公平的，且「成功」不會是天上掉下來的。

想法會從很多的感覺中產生，有自信和缺乏自信心想法就會不同，有責任和沒有責任感兩種情況下的想法亦是不同。

母親是家中建立連結的核心，我不是最大，以家為中心的運作，使得人人心中都有一個效忠的中心。教育孩子從小時形成觀念，建構認知，身體力行。

媽媽不說話，不是因為媽媽不會說，但媽媽要說話；金口一開就必有用。要就計較值得計較的大事，千萬別為一些小事與人計較。

通常媳婦順從孝順公婆，有時候難免會在育兒的方法上與長輩有所出入。弱勢的媽媽通常不敢講，但如果知道孩子的教育影響孩子一生的作為時，需要她跳出來主張，作為一個母親勢必應義無反顧，堅持教養的觀念與做法。我們也相信多數女人為母則強，為了小孩一生的幸福而更具韌性更堅強。

作者長期鑽研各種育兒方法並及時發揮效能，目前設有具體的幼兒教育的範本，希望社會大眾對幼兒的施教方式，是以最容易被吸收，且是獲教後有深遠的影響，例如：家庭是每個人的中心，以共同愛家、護家的觀念，從一歲德的孩子就植入這樣的觀念，並一直為這個主題努力。殷殷切切就是希望提升未來的國人素養，教育更具競爭力的下一代，藉家庭的力量改善整個社會風氣，並以此為終生使命。

# 後記

本書承好友，前漢聲電台總台長潘信雄先生大力鼓勵支持並推薦陳秀娥小姐於初期幫忙整理文中很多從口述中由鄧雅文小姐幫忙打字整理一點一滴最後終得出版。從開始下定決心至完成書稿共經歷5年最後要感謝太太從開始的反對到支持，老婆愛你了！

最後謝謝博客思出版社願意出版發行，楊小姐用心的編輯整理，謝謝了！

# 結語



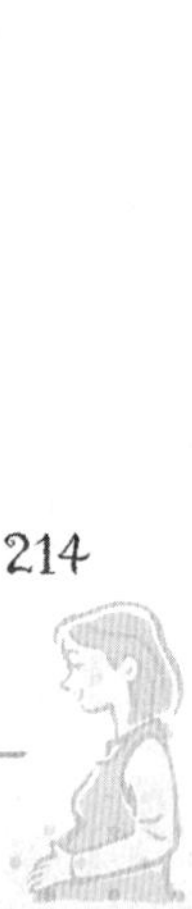

國家圖書館出版品預行編目資料

教養，黃金 2000 天 / 陳朝幸著作 . -- 初版 . -- 臺北市 : 博客思 , 2017.10
面； 公分
ISBN 978-986-94866-9-9( 平裝 )
1. 育兒 2. 親職教育
428 106012716

親子學習 8

# 教養，黃金２０００天

作　　者：陳朝幸
編　　輯：楊容容
美　　編：塗宇樵
封面設計：塗宇樵
出 版 者：博客思出版事業網
發　　行：博客思出版事業網
地　　址：台北市中正區重慶南路 1 段 121 號 8 樓之 14
電　　話：(02)2331-1675 或 (02)2331-1691
傳　　真：(02)2382-6225
E—MAIL：books5w@yahoo.com.tw 或 books5w@gmail.com
網路書店：http://bookstv.com.tw/ http://store.pchome.com.tw/yesbooks/
三民書局 、博客來網路書店 http://www.books.com.tw
總 經 銷：聯合發行股份有限公司
電　　話：(02) 2917-8022 傳 真：(02) 2915-7212
劃撥戶名：蘭臺出版社 帳號：18995335
香港代理：香港聯合零售有限公司
地　　址：香港新界大蒲汀麗路 36 號中華商務印刷大樓
C&C Building, 36,Ting, Lai, Road, Tai,Po, New,Territories
電　　話：(852)2150-2100 傳真：(852)2356-0735
總 經 銷：廈門外圖集團有限公司
地　　址：廈門市湖里區悦華路 8 號 4 樓
電　　話：86-592-2230177 傳 真：86-592-5365089
出版日期：2017 年 10 月 初版
定　　價：新臺幣 250 元整（平裝）
ISBN：978-986-94866-9-9